JN082925

Next.js + ヘッドレスCMS ではじめる!

かんたん モダンWebサイト
制作入門

高速で、安全で、運用しやすい
サイトのつくりかた

株式会社 microCMS
柴田和祈、森茂洋、野崎洋平、千葉大輔 ／著

SE
SHOEISHA

本書内容に関するお問い合わせについて

このたびは翔泳社の書籍をお買い上げいただき、誠にありがとうございます。弊社では、読者の皆様からのお問い合わせに適切に対応させていただくため、以下のガイドラインへのご協力をお願い致しております。下記項目をお読みいただき、手順に従ってお問い合わせください。

●ご質問される前に

弊社Webサイトの「正誤表」をご参照ください。これまでに判明した正誤や追加情報を掲載しています。

正誤表　https://www.shoeisha.co.jp/book/errata/

●ご質問方法

弊社Webサイトの「書籍に関するお問い合わせ」をご利用ください。

書籍に関するお問い合わせ　https://www.shoeisha.co.jp/book/qa/

インターネットをご利用でない場合は、FAXまたは郵便にて、下記 "翔泳社 愛読者サービスセンター"までお問い合わせください。
電話でのご質問は、お受けしておりません。

●回答について

回答は、ご質問いただいた手段によってご返事申し上げます。ご質問の内容によっては、回答に数日ないしはそれ以上の期間を要する場合があります。

●ご質問に際してのご注意

本書の対象を越えるもの、記述個所を特定されないもの、また読者固有の環境に起因するご質問等にはお答えできませんので、予めご了承ください。

●郵便物送付先およびFAX番号

送付先住所　〒160-0006　東京都新宿区舟町5
FAX番号　　03-5362-3818
宛先　　　　（株）翔泳社 愛読者サービスセンター

はじめに

　Web制作の世界は日々進化し、新しい技術やツールが次々と登場しています。その中でも、WordPressは長年にわたり、多くの制作者にとって頼りになる存在であり続けてきました。しかし、昨今のWeb制作のニーズやトレンドを考えると、よりモダンで効率的な手法が求められるようになっています。

　そのような中で注目を集めているのが「Next.js」と「microCMS」です。Next.jsは、Reactをベースにしたフレームワークで、サーバーサイドレンダリングや静的サイト生成を簡単に実現できる点が大きな魅力です。一方、microCMSは、ヘッドレスCMS（コンテンツ管理システム）として、APIを介して柔軟にコンテンツを管理・配信できるサービスです。この2つを組み合わせることで、従来のWordPressでは実現しにくかった、より高速でセキュアなWebサイト制作が可能になります。

　本書は、次のような方々をターゲットとしています。

● 普段からWordPressを使用してWeb制作を行っている方
● HTML/CSS/JavaScriptによるコーディングをメインに担当している方

　新しいツールや技術を学ぶことは時に敷居が高く感じられるかもしれません。しかし、実際に手を動かしてみると、その効率のよさや柔軟性に驚かれることでしょう。
　本書では、Next.jsの基本的な使い方から、microCMSを利用したコンテンツ管理の方法、そしてそれらを組み合わせたコーポレートサイトの制作手順までを丁寧に解説します。具体的なコード例や実践的なヒントを交えながら、初心者でも安心して学べる内容を心がけました。

　現代のWeb制作において、スピードやセキュリティ、SEO対策は非常に重要です。Next.jsとmicroCMSは、それらの要件を満たすための強力な組み合わせです。この機会に新しい技術に挑戦し、Web制作の幅を広げてみませんか？本書が、皆様の新たな一歩をサポートできることを願っています。
　さあ、一緒にNext.jsとmicroCMSを使ったモダンなコーポレートサイトの制作に挑戦していきましょう！

本書で学べること

本書ではコーポレートサイトの各ページの制作を通じて、次のような内容を学ぶことができます。

1 ｜ トップページ

トップページにて、Next.js/Reactにおけるコンポーネントの作り方や、見た目の制御方法を学びます。

2 | メンバーページ

メンバーページでは、表示するメンバー情報をmicroCMSで管理します。Next.jsからmicroCMS
に格納されている情報を取得することで、API通信について学びます。

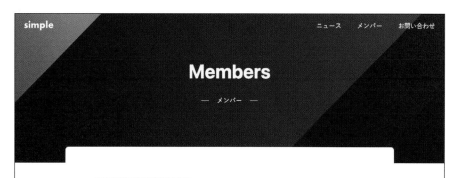

デイビッド・チャン
CEO

グローバルテクノロジー企業での豊富な経験を持つリーダー。以前は大手ソフトウェア企業の上級幹部として勤務し、新市場進出や収益成長に成功。自身の経験と洞察力により、業界のトレンドを見極めて戦略的な方針を策定し、会社の成長を牽引している。

エミリー・サンダース
COO

グローバル企業での運営管理と組織改革の経験豊富なエグゼクティブ。以前は製造業界でCOOとして勤務し、生産効率の向上や品質管理の最適化に成功。戦略的なマインドセットと組織の能力強化に対する専門知識は、会社の成長と効率化に大きく貢献している。

ジョン・ウィルソン
CTO

先進技術の研究開発と製品イノベーションの分野で優れた経歴を持つテクノロジーエキスパート。以前は、大手テクノロジー企業の研究開発部門で主任エンジニアとして勤務し、革新的な製品の開発に携わった。最新の技術トレンドに精通し、当社の製品ポートフォリオを革新的かつ競争力のあるものにするためにリサーチと開発をリードしている。

ニュース　メンバー　お問い合わせ

3 ｜ ニュースページ

　ニュースの詳細ページでは、アクセスするURLによって動的に表示内容を切り替えるためのダイナミックルーティングについて学びます。

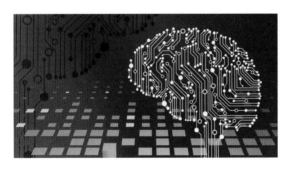

ニュースの一覧ページでは、カテゴリー分け、ページネーション、画面プレビュー、検索機能を実装していきます。その際に、microCMSのAPIをより高度に活用する方法を学びます。

4 │ お問い合わせページ

　お問い合わせページでは、ユーザーからのお問い合わせを HubSpot というサービスを用いて管理します。お問い合わせフォームからデータを HubSpot に送信する処理では、Next.js の Server Actions という機能を活用します。

本書の動作環境

　OSはWindows、Macともに対応していますが、それぞれ本書において動作確認を行なったバージョンは次の通りです。また、それぞれブラウザはGoogle Chromeを使用することを前提としています。

- Windows：Windows 11 Pro
- Mac：Ventura 13.2

　また、本書でコーポレートサイト制作を行うための動作環境は以下の通りです。Next.jsについては今後のバージョン更新のたびに大きな機能変更があることが予想されるため、本書の内容通りに進めるためにはv14を使用することを強く推奨します。環境構築については、第2章にて詳細に説明します。

- Node.js v20.13.1
- Next.js v14.1.4

本書サンプルリポジトリの紹介

　本書のコーポレートサイトを作っていく際、参考となるサンプルリポジトリを用意しました。本書はチュートリアル形式で進んでいきますが、各章ごとの内容を対象のブランチにて確認することができるようになっています。万が一、途中で上手くいかなくなってしまった場合などに参考としてお使いください。また、コーポレートサイトの見た目部分を作っていく際に、CSSのサンプルコードを本リポジトリからコピーしてくると手作業によるミスを減らすことができます。

URL ▶ https://github.com/nextjs-microcms-book/nextjs-website-sample

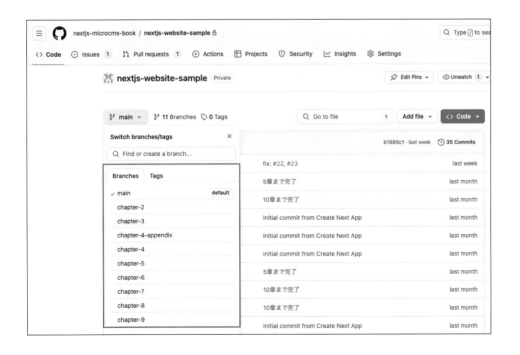

サンプルリポジトリのディレクトリ構成

リポジトリ内のディレクトリ構成は次のようになっています。

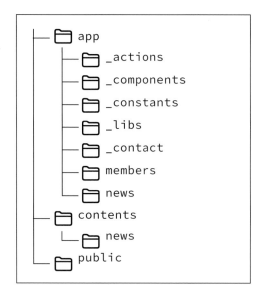

appディレクトリ

このディレクトリは、アプリケーションの主要な機能やロジックを含む部分をまとめたものです。

- _actions：Next.jsのServerActions処理を格納します。本書においては、お問い合わせの送信処理が記述されています。
- _components：再利用可能なReactコンポーネントを格納します。UIの構築に使用される小さな部品がここに含まれます。
- _constants：定数を格納します。本書では各ページのデータ取得件数が定義されています。
- _libs：共通のユーティリティ関数やライブラリを格納します。これにはデータフォーマット関数やAPI呼び出しのヘルパー関数などが含まれます。
- contact：お問い合わせページに関するビューやロジックが格納されています。
- members：メンバーページに関するビューやロジックが格納されています。
- news：ニュースページに関するビューやロジックが格納されています。

contentsディレクトリ

このディレクトリは、ニュースとしてCMSにインポートするためのコンテンツを格納しています。

publicディレクトリ

このディレクトリは、静的ファイル（画像、フォント、その他のアセット）を格納します。Next.jsでは、このディレクトリ内のファイルはURLパスで直接アクセス可能です。

contents
目次

chapter 1 Webサイト制作と コンテンツ管理の歴史を知ろう ⋯⋯⋯⋯⋯ 001

chapter 2 開発環境を セットアップしよう ⋯⋯⋯⋯⋯ 009

chapter
3
トップページを作ってみよう —— 031

chapter **6** ニュースページを作ってみよう
~基礎的なコンテンツの扱い方~ 161

chapter

1

Webサイト制作と
コンテンツ管理の
歴史を知ろう

第1章ではWebサイト制作とコンテンツ管理の歴史について基本的な知識を押さえましょう。歴史的な経緯を把握しておくことで、次章からの内容の全体像がつかみやすくなり、理解の助けになるはずです。

SECTION 1-1 | Webサイト制作とコンテンツ管理のはじまり

Webサイト制作とコンテンツ管理の歴史を押さえておきましょう。従来のコンテンツ管理の課題を解消するために生まれたのがCMSです。

1-1-1 | Webサイトの誕生と爆発的な広がり

　Webサイト制作の歴史は古く、1996年4月に国内初の商用検索サイト「Yahoo! JAPAN」がスタートしました。当時は、企業がWebサイトを公開するには、独自に高価なWebサーバーを用意するか、ISP（インターネット・サービス・プロバイダー）が提供するレンタルサーバーを利用するのが一般的でした。しかし、翌97年には「ジオシティーズ」など、個人ユーザーでも手軽にWebサイトを公開できるサービスが増え、Webサイトの数は爆発的に増えていくことになります。

　検索サービスが普及していくにつれて、Webサイトの存在価値はさらに高まり、**コンテンツは発信・利用者だけでなく検索エンジンにとっても重要視されるものになりました**。そんなコンテンツをどのように管理していくのかがWebサイト運用の大きな課題となっていきました。

1-1-2 | コンテンツ管理の必要性

　かつては、Webサイトの情報を更新するためには、HTMLファイルを直接編集してサーバーに再度アップロードする必要がありました。この作業は技術的な知識が必要で、運用担当者は修正ごとにエンジニアの助けを借りなければならず、修正が正しく適用されたかを確認するためのコミュニケーションコストも発生していました（図1-1-1）。

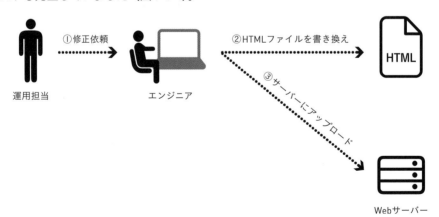

①修正依頼　②HTMLファイルを書き換え　③サーバーにアップロード

運用担当　　エンジニア　　HTML　　Webサーバー

図**1-1-1**　コンテンツの修正の流れ

そこで登場したのが**CMS（Content Management System）**です。CMSは専用の管理画面からWebサイト上のテキストや画像などを編集できるシステムです（図1-1-2）。

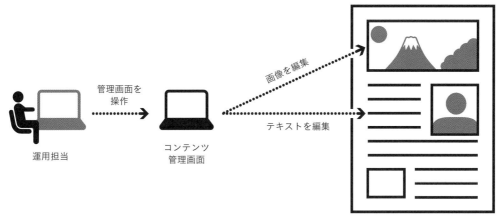

図1-1-2 CMSの役割

　サイトの運用担当者は管理画面から変更したい箇所の操作を行い、コンテンツを更新できます。Webサイトの修正作業にあたってエンジニアの手を借りる必要がなくなったため、コミュニケーションコストは大幅に下がりました。

管理画面からサイトを
更新できるところが
CMSの特徴だね！

Webサイトを構成するフロントエンドとバックエンド

COLUMN

Webサイトは大きく「フロントエンド」と「バックエンド」の2つの要素から構成されます。

・フロントエンド
ユーザーが直接触れるWebサイトの見た目を担当します。HTMLでページの基本を作り、CSSでスタイリングを行い、JavaScriptで動的な要素を加えます。

・バックエンド
バックエンドは見えない部分で、データの保存や処理を行います。サーバーとデータベースが連携して、ユーザーのリクエストに応じた適切な情報を提供します。

SECTION 1-2 | WordPress の登場

コンテンツ管理の課題を解消するために生まれたCMSの中で、代表的なものが「WordPress」です。本書が取り扱うヘッドレスCMSの特徴を理解するために、まずはWordPressの特徴について解説します。

1-2-1 | さまざまなCMS

古くは1995年頃からCMSは存在していましたが、大きな変革としては2001年にリリースされた「MovableType」「Drupal」、そして2003年にリリースされた「**WordPress**」が挙げられるでしょう。企業やサービスなど用途に特化したCMSではなく、**業種や企業・個人を問わずに利用できる汎用的なCMSの登場です。**

その中でも、特にWordPressは全世界のWebサイトの43%で使われており、Webサイト制作の現場では切っても切り離せない存在になっています。図1-2-1は各CMSのシェア率を表したものです（※1-1）。「None」はこの調査の対象であるCMSのいずれも利用していない割合を表しています。

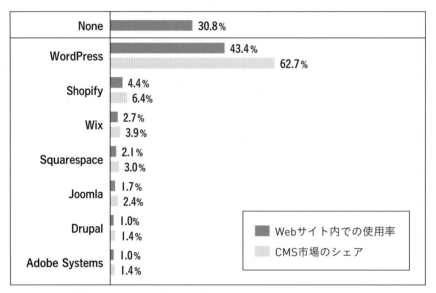

図1-2-1　各CMSのシェア率（数値は2024年6月時点のもの）

※1-1　出典：Usage statistics and market shares of content management systems（https://w3techs.com/technologies/overview/content_management）をもとに作図

1-2-2 | Webサイトが表示される仕組み

CMSについての詳細な説明に入る前に、そもそも「Webサイトがどのように表示されているのか」を押さえておきましょう。簡単に流れを解説していきます（図1-2-1）。

① Webサイトへのアクセス

まず、Webサイトの閲覧者は、ブラウザ（例：Google Chrome、Safariなど）にWebサイトのアドレス（URL）を入力して、アクセスを開始します。

② サーバーへのリクエスト

ブラウザはそのアドレスのWebサーバーに接続を試み、Webページのデータをリクエストします。

③ サーバーからのレスポンス

Webサーバーはブラウザのリクエストを受け取り、要求されたWebページのデータ（HTML、CSS、JavaScriptファイルなど）をブラウザに送り返します。

④ Webページの表示

ブラウザは受け取ったデータを読み込み、解析して、画面上にWebページを表示します。

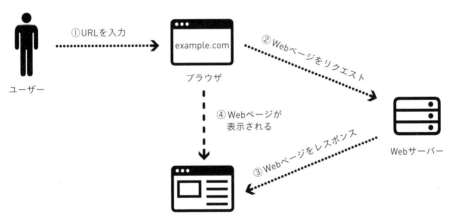

図1-2-2　Webサイトが表示されるまでの流れ

Webサーバーの中では、プログラムがリクエストに応じて動的にページを作成したり、データベースにアクセスしてデータを取得したりします。また、サーバーに置かれている静的なファイル（HTMLや画像など）をそのままブラウザに返す場合もあります。

1-2-3 | WordPressの仕組み

WordPressはデータベース（MySQLやMariaDB）とPHPのプログラムで構成されるCMSで、サーバーにインストールすることで利用できます。Webサイトが表示される仕組みを踏まえて、今度はWordPressの仕組みを見ていきましょう。

図1-2-3ではWordPressがインストールされたサーバーを簡易的に「CMSサーバー」と表記しています。WordPressのサーバー内ではブラウザからリクエストを受けると、PHPのプログラムがデータベースからデータを取得し、Webページを生成してブラウザに返します。

データベースに対しては、管理画面から誰でも簡単にデータの追加や編集ができるようになっています。WordPressはブラウザからのリクエストを処理するWebサーバーとしての機能と、管理画面からコンテンツを入力することができるCMSの機能の両方を備えています。

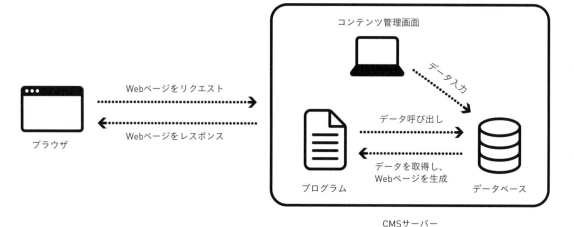

図**1-2-3** WordPressの役割

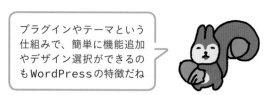

プラグインやテーマという仕組みで、簡単に機能追加やデザイン選択ができるのもWordPressの特徴だね

SECTION
1-3 | ヘッドレスCMSの登場

近年、複数チャネルでのコンテンツの配信に有効な手段として登場したのが、本書のテーマでもある「ヘッドレスCMS」です。ヘッドレスCMSにどのような特徴があるのか見ていきましょう。

1-3-1 | ヘッドレスCMSとは

近年、コンテンツの配信チャネルはWebサイトだけでなく、モバイルアプリやSNS、動画、デジタルサイネージなど多岐にわたります。WordPressなどの従来型のCMSを使う場合、Webサイトを立ち上げること自体は簡単な一方、画面をモバイル端末に対応させる修正をするには、PHPやWordPressの独自記法を使いこなす必要があり、技術的な縛りが発生するというデメリットがあります。

そこで、**コンテンツ管理画面とWebページの生成ロジックを切り離すことで、複数の配信チャネルに対応できるヘッドレスCMS**が登場しました。「ヘッド」は見た目（ビュー）の部分を指しており、それが「レス」（ない）ということで、「ビューを持たないCMS」を意味しています。

1-3-2 | ヘッドレスCMSの仕組み

ヘッドレスCMSを用いた場合、Webページはどのように表示されるのでしょうか。

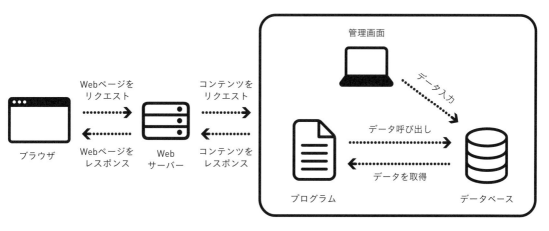

管理画面

データ入力

Webページを
リクエスト

コンテンツを
リクエスト

データ呼び出し

ブラウザ

Webページを
レスポンス

Web
サーバー

コンテンツを
レスポンス

プログラム

データを取得

データベース

ヘッドレス
CMSサーバー

図1-3-1　ヘッドレスCMSを用いたコンテンツ配信の流れ

図1-3-1を先ほどのWordPressを利用した際の構成と比較すると、ヘッドレスCMSサーバーの中に管理画面、データベース、プログラムがあるという構成は共通しています。異なるのは、プログラムがWebページではなくコンテンツそのものをレスポンスしている点です。

これはつまり、ヘッドレスCMSはWebサイトのコンテンツ（テキストや画像）を管理することに専念しており、**Webサイトそのものの見た目や表示面には関与していない**ということです。そのためWebサイトだけでなく、モバイルアプリやデジタルサイネージなど媒体を問わず、コンテンツを管理することができます。

また、ヘッドレスCMSを用いる構成では中央にWebサーバーが1つ増えており、ここでWebページの生成が行われています。そのため、Webサイトを作成するための技術は自由に構成・選択できるというメリットがあります。

ヘッドレスCMSが管理するのはコンテンツそのものなんだ！

本章ではWebサイトの運用課題と、その解決策としてのCMSの移り変わりについて解説しました。次の章からはヘッドレスCMSであるmicroCMSと、Webアプリケーションのフレームワークとして人気の高いNext.jsを使ったモダンなWeb制作手法について、ハンズオン形式で紹介していきます。

ハンズオンによる成果物の最終的な構成は次のようになります（図1-3-2）。Next.jsでWebサイト部分を作成し、Vercelというサービスにホスティングします。そして、microCMSからコンテンツを取得します。各サービスの詳細については後続の章にて詳しく解説しますので、現時点では全体のイメージが理解できていれば問題ありません。

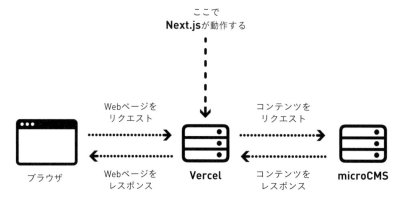

図1-3-2　本書の技術構成

chapter

2

開発環境を
セットアップしよう

この章から早速手を動かしていきます。すぐにWebサイトに取り掛かりたいところですが、まずは開発に必要な環境作りからはじめましょう。この章では開発に必要なツールや環境を用意していきます。

SECTION 2-1 | 開発環境の概要

開発の準備として、必要なツールや環境を用意していきましょう。

この章でインストールするツールは次の通りです。すでにインストール済みの場合はスキップしても問題ありませんが、Node.jsはv20以上がインストールされていることを確認してください。

- Visual Studio Code（VSCode）
- Node.js
- Git（Windows環境のみ）

Visual Studio Code（VSCode）は、開発者によく利用されている人気のエディタです。本書でもプログラムを書くためのエディタとして、使用します。

Node.jsは、本書のテーマであるNext.jsの利用に必要なJavaScriptの実行環境です。Node.jsはとても大きなプラットフォームです。詳細を語ろうとすると、それだけで1冊の本が書けてしまうくらいなので、ここでは一旦、Next.jsでの開発に必要なツールという認識でいれば問題ありません。

なお、お使いの環境がWindowsかmacOSかによって、開発環境のセットアップ方法やインストール画面が異なります。それぞれの環境の違いについても紹介しているので、自分の環境に合わせて読み進めてください。

COLUMN

Node.jsについて

Node.jsは、ブラウザ上で実行されるJavaScriptを「ブラウザ以外でも実行できる」ようにするプラットフォームの1つです。JavaScriptは主にWebブラウザの中で動くプログラミング言語でしたが、Node.jsの登場により、サーバーやコマンドプロンプト（ターミナル）など、Webブラウザ以外の環境でも使うことが可能になりました。

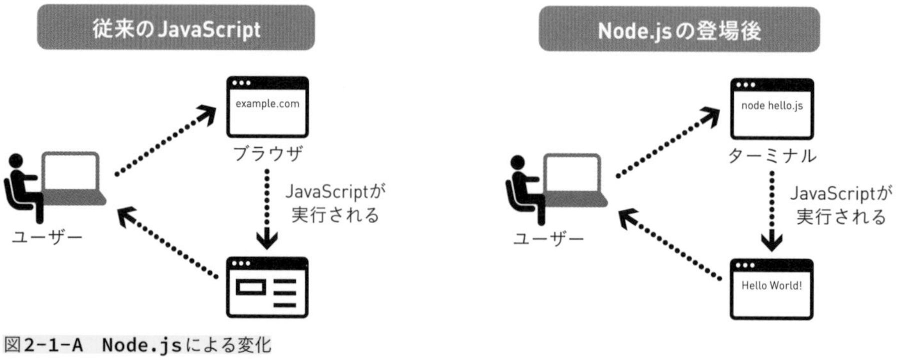

図2-1-A　Node.jsによる変化

Node.jsは、バージョンごとに異なるサポート期間があります。ここで重要なのが「LTS（Long Term Support：長期サポート）」バージョンです。LTSバージョンは、安定性とセキュリティの更新が長期間提供されます。本書で利用するNode.jsのv20は2024年6月時点のLTSバージョンであり、2026年4月30日までのサポートが保証されています。

SECTION 2-2 | Node.js環境を セットアップしよう

まずは、Next.jsの利用に必要なNode.jsの環境を整えましょう。

まずは、Node.jsをインストールしましょう。本書執筆時点における最新版のLTSであるNode.jsのバージョン20を利用します。

次のURLより、Node.jsの公式サイトにアクセスし、「LTS」と表示されているバージョンを選択してインストーラーをダウンロードします（図2-2-1）。

URL ▶ https://nodejs.org/

図2-2-1　**Node.js**の公式サイト

ダウンロードしたインストーラーを実行すると、インストールがはじまります。基本的には、デフォルトの設定のまま進めれば問題ありません。

図2-2-2　インストールを進める

図2-2-3の画面になったら、チェックボックスにチェックを入れます。ここでチェックを入れることでNode.jsを利用する際に別途必要となるさまざまなツールが、Node.jsのインストール完了後に続けて自動インストールされます。

図2-2-4の画面が表示されたら、Node.jsのインストールは完了です。

Node.jsのインストールが終了すると、コマンドプロンプトやPowerShellが自動的に起動して追加のライブラリのインストールが開始されます（図2-2-5）。途中で何度か「続行するには何かキーを押してください...」と指示があるので、指示に従い、キーを押下してください。

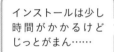 
インストールは少し時間がかかるけどじっとがまん……

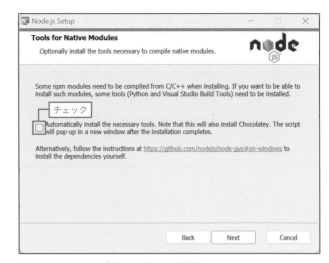
図2-2-3　ツールの自動インストールを設定

図2-2-4　インストール完了

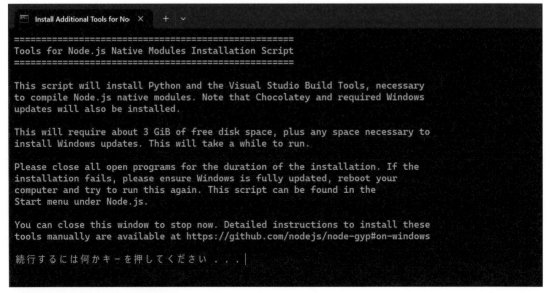
図2-2-5　自動インストールが開始される

インストールが完了し、画面上に「type ENTER to EXIT」と表示されたら［Enter］キーを押してください。インストールが完了したことを、コマンドプロンプトを利用して確認してみましょう。Windowsメニューから「コマンド」と検索すると、結果一覧に「コマンドプロンプト」が表示されるので、クリックして実行します（図2-2-6）。

図2-2-6　コマンドプロンプトの起動

コマンドプロンプトが起動したら、「node -v」とコマンドを入力します。これはNode.jsのバージョンを確認するためのコマンドで、実行後にバージョンが表示されればインストールは無事に完了しています（図2-2-7）。

図2-2-7　バージョンの確認

インストールしたNode.jsのバージョンが表示されていれば、Node.jsのセットアップは完了です。v20以外のバージョンが表示されている場合は、すでに他のバージョンのNode.jsがインストールされている可能性があります。古いバージョンのアンインストールを検討してみてください。

COLUMN

Node.jsのバージョン管理システムについて

Node.jsのプロジェクトには異なるバージョンのNode.jsが必要になる場合があります。このような状況に対応するためには、nvm、fnmやvoltaといった複数のNode.jsのバージョン管理ができるライブラリを利用すると効率的です。これらのツールを使うと、プロジェクトごとに異なるNode.jsのバージョンを簡単に切り替えて使用できます。

一歩進んだWeb制作やアプリケーションの開発では、Node.jsが中心的な役割を果たします。これを機にぜひご自身の制作現場でも利用してみてください。

SECTION 2-3 | エディタを インストールしよう

快適にプログラムを書くためにエディタを用意していきましょう。

2-3-1 | Visual Studio Code（VSCode）とは

　Web制作やWebアプリケーションの開発（フロントエンド開発）で、効率的かつ快適にコーディングするためには、適切な**エディタ**（またはIDE）の選択が重要です。現在、多くの開発者にとってのデファクトスタンダードとなっているのが、**Visual Studio Code**（以下**VSCode**）です。

テキストエディタ
機能

ターミナル
環境

開発言語の設定や
その他ツール

図2-3-1　**VSCode**が提供する機能

　VSCodeは、その豊富な機能、カスタマイズ性、そして使いやすさで人気を博しています。例えば、シンタックスハイライト、コード補完、デバッグツール、Gitの統合など、開発者が必要とする多くの機能が内蔵されています。さらに、拡張機能を通じて、さまざまなプログラミング言語やフレームワークにも対応できるようになっています。

　またVSCodeのもう1つの魅力は、コミュニティの活発さです。世界中の開発者がさまざまな拡張機能を開発し、それらがVSCodeのマーケットプレイスで自由に利用できます。これにより、プロジェクトや開発言語に合わせた環境を簡単に構築できます。

2-3-2 | VSCodeをインストールしよう

　それでは、Windows環境でのVSCodeのインストール方法と、その初期設定について紹介します。

VSCodeのインストール

　まず、下記のURLからVSCodeの公式サイトにアクセスし、Windows向けのインストーラーをダウンロードします（図2-3-2）。

URL▶ https://code.visualstudio.com/download

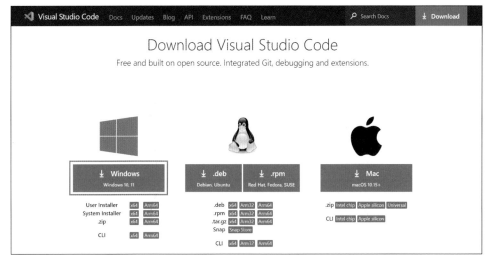

図2-3-2　VSCodeの公式サイト

　ダウンロードしたインストーラーを実行し、指示に従ってインストールします。基本的にはデフォルトの設定のまま進めていきます。

　図2-3-4の「追加タスクの選択」画面では、チェック項目のうち後半の2つがチェック済みとなっています。本書ではそれ以外の3つの項目もすべてチェックを入れて進めていきます。

図2-3-3　インストールを進める

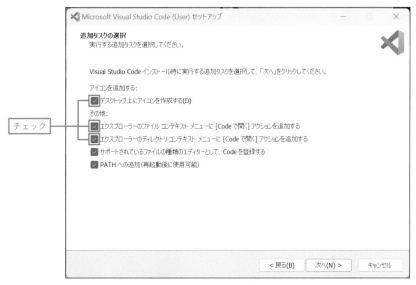

図2-3-4　追加タスクの選択

インストールが完了したら、VSCodeを開いて正常に動作するか確認してみましょう。

図2-3-5のインストール完了の画面で「Visual Studio Codeを実行する」のチェックボックスにチェックを入れて、「完了」をクリックすると、画面が閉じた後、自動でVSCodeが起動します。

図2-3-5　インストール完了

起動したVSCodeは初期状態で図2-3-6のような画面になっています。

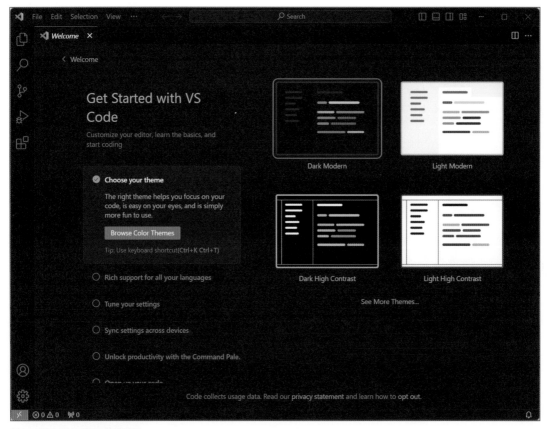

図2-3-6　VSCodeの初期画面

VSCodeを日本語化しよう

VSCodeの大きな魅力の1つは、**エクステンションと呼ばれる豊富な拡張機能（プラグイン）**です。ここからは、特にフロントエンド開発において役立つ基本的な拡張機能のインストールをしていきましょう。

まず、初期状態のVSCodeは英語表示となっているため、日本語表示に変更しましょう。日本語表示も拡張機能として提供されています。

VSCodeの拡張機能タブをクリックしましょう（図2-3-7）。

図2-3-7　拡張機能タブを開く

画面が切り替わるので、検索窓から「japanese」と検索し、「Japanese Language Pack for Visual Studio Code」をインストールします（図2-3-8）。

図2-3-8　拡張機能のインストール

インストールの完了後、VSCodeを再起動すると、メニュー表示が日本語に変更されます（図2-3-9）。

図2-3-9　日本語表示に変更された

ESLintでコードの品質を保とう

　続いて、同じく拡張機能の1つである**ESLint**をインストールしましょう。ESLintはコードの品質を保つためのツールです。コードの一貫性を保ち、エラーや潜在的な問題を早期に発見するのに役立ちます。Next.jsなど各種フレームワークには、それぞれに適したESLintの設定が付属していることが多く、ESLintをVSCodeにインストールすることで、フレームワークに適していないコードの書き方などを指摘してくれるようになります。

図2-3-10　「**ESLint**」のインストール

Prettierでコーディングのスタイルを揃えよう

　さらに**Prettier**もインストールしましょう。Prettierはコードフォーマッターと呼ばれるもので、コードのスタイルを整えるのに使います。ESLintと組み合わせることで、設定ファイルに合わせてコーディングスタイルを一貫させることができます。Prettierをインストールすると、ファイルの保存時に自動的にフォーマットを整形できます。

図2-3-11　「**Prettier**」のインストール

　拡張機能のインストールだけでは自動的にフォーマットをすることができないため、ファイルの保存時に自動的にフォーマットしてくれるようにVSCodeの設定を変更しておきましょう。

画面左下にある歯車アイコンをクリックし、「設定」を選択してVSCodeの設定画面を開きます（図2-3-12）。

図2-3-12　歯車のアイコンから「設定」を選択

設定画面の上部にある検索フォームに「format」と入力して、「Editor:Default Formatter」と「Editor:Format On Save」の項目までスクロールします。それぞれ、下記のように設定すれば完了です。

- Default Formatter ……「Prettier - Code formatter」を選択
- Format On Save ………チェックボックスにチェックを入れる

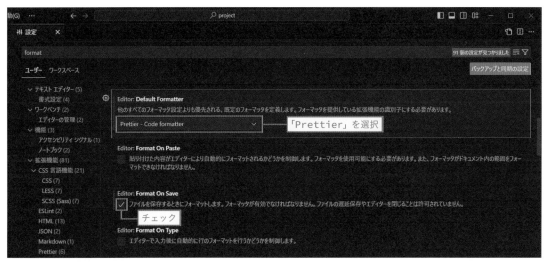

図2-3-13　設定画面

Prettierを使えばチーム内でもコードの書き方が簡単に共通化できるよ。

SECTION 2-4 | Next.jsを使ってみよう

いよいよ開発を開始します。Next.jsをインストールして起動してみましょう。

2-4-1 | フロントエンドのフレームワーク

　フロントエンド開発の世界には、多種多様なフレームワークが存在し、それぞれに独自の特徴と強みがあります。すべてのフレームワークを理解する必要はありませんが、興味がある方はぜひ他のフレームワークでの開発にも挑戦してみてください。

 フレームワークとは？

開発者がアプリケーションを効率的に構築できるよう、開発を支援するツールやライブラリをまとめたものをフレームワークと呼んでいます。フレームワークが用意している特定のプログラミング言語や構造に従うことで、容易に開発を進めていくことができるため、現在多くのWebアプリケーション開発ではフレームワークを採用しています。
本書で利用するNext.jsの他にも、Astro、Nuxt、Remix、SvelteKitといった多くのフロントエンドのフレームワークがWebアプリケーション開発に利用されています。

2-4-2 | Next.jsのプロジェクトを立ち上げよう

　それでは実際にNext.jsのプロジェクトを立ち上げていきましょう。まず、VSCodeのメニューにある「ターミナル」タブから「新しいターミナル」を選択して、VSCode上でコマンドラインを実行することができるターミナルを起動しましょう（図2-4-1）。

図2-4-1　コマンドラインを開く

すると、ターミナルがVSCode下部に表示されます（図2-4-2）。

図2-4-2　コマンドラインが表示される

ターミナルに次のコマンドを入力して、[Enter] キーを押して実行します。これはNext.jsのプロジェクトを作成するコマンドです。

```
npx create-next-app@14.1 my-next-project
```

「my-next-project」は本書で作成するプロジェクトの名前です（任意の名前に置き換えることができます）。「@14.1」はバージョン14.1.xを利用するという指定で、本書執筆時（2024年6月）の最新版に合わせています。ちなみに最新版を利用したい場合は@latestを指定します。

コマンド実行時に、次のようなエラーが出る場合があります（図2-4-3）。その場合、一度コンピュータを再起動してから実行してみてください。

```
npx : 用語 'npx' は、コマンドレット、関数、スクリプト ファイル、または操作可能なプログラムの名前として認識されません
。名前が正しく記述されていることを確認し、パスが含まれている場合はそのパスが正しいことを確認してから、再試行してくだ
さい。
発生場所 行:1 文字:1
+ npx create-next-app@14 my-next-project
+ ~~~
    + CategoryInfo          : ObjectNotFound: (npx:String) [], CommandNotFoundException
    + FullyQualifiedErrorId : CommandNotFoundException

PS C:\Users\          \next-app>
```

図2-4-3　コマンド実行時のエラー①

また、環境によって次のようなエラーが出る場合があります（図2-4-4）。

```
npm ERR! code ENOENT
npm ERR! syscall lstat
npm ERR! path C:\Users\          \AppData\Roaming\npm
npm ERR! errno -4058
npm ERR! enoent ENOENT: no such file or directory, lstat 'C:\Users\morishige\AppData\Roaming\npm'
npm ERR! enoent This is related to npm not being able to find a file.
npm ERR! enoent

npm ERR! A complete log of this run can be found in: C:\Users\          \AppData\Local\npm-cache\_logs\2024-04-25T09_20_48_314Z-debug-0.log
PS C:\Users\          \next-app>
```

図2-4-4　コマンド実行時のエラー②

その場合は、次のコマンドを実行して、ユーザーのホーム >「AppData」>「Roaming」ディレクトリの中に、npmディレクトリを作成することでエラーが解消されます（コマンドではなくエクスプローラーを利用してフォルダーを作成しても問題ありません）。

```
mkdir C:\Users\ユーザー名\AppData\Roaming\npm
```

create-next-appコマンドによって、選択式のインストーラーが起動します。Next.jsが推奨する項目がデフォルトで選択されているので、基本的にはそのまま［Enter］キーを押下して進んでください。本書では**Tailwind CSSとsrc、import aliasの選択肢のみ、Noを選択します**（図2-4-5）。

```
√ Would you like to use TypeScript? ... No / Yes
√ Would you like to use ESLint? ... No / Yes
√ Would you like to use Tailwind CSS? ... No / Yes
√ Would you like to use `src/` directory? ... No / Yes
√ Would you like to use App Router? (recommended) ... No / Yes
√ Would you like to customize the default import alias (@/*)? ... No / Yes
```

図2-4-5　インストーラーの操作

CSSフレームワーク

最近のフロントエンド開発ではTailwind CSSという、WebアプリケーションをスタイリングするためのCSSフレームワークが人気です。新規にCSSファイルを用意する必要がなく、あらかじめ用意されたclass名を使ってスタイリングしていくことができます。本書では利用しませんが、とても便利なので機会を見つけてぜひ使ってみてください。

URL https://tailwindcss.com/

メニューから「ファイル」タブ→「フォルダーを開く」を選択し、先ほど作成したディレクトリ（フォルダ）を選択してプロジェクトを開きましょう。プロジェクトを開くと、VSCodeのサイドカラムに次のようなファイルが表示されます。

図のようにNext.jsに関連する複数のファイルが自動的に作成されれば準備は完了です。

図2-4-6　プロジェクトが作成された

これで準備完了！ファイルがたくさんあるけどあわててないでね

SECTION 2-5 | Gitをインストールしよう

開発を手助けしてくれるツール、Gitをインストールしていきましょう。

2-5-1 | Gitとは

Gitはソフトウェア開発におけるバージョン管理システムの1つで、Web制作やフロントエンド開発の現場でも必須のツールです。本書のソースコードも、Gitを活用したサービスであるGitHub上で公開しています。読者の皆さんの環境でもGitが利用できるように準備をしていきましょう。

GitとGitHub

Gitはソースコードの変更履歴を管理するためのツールです。ソースコードの履歴をバージョンとして管理することで、ソースコードを一元管理できます。今まで書いてきたコードの変更履歴を記録したり、以前の履歴の状態に復元したり、その変更履歴を他の開発者と共有することができます。さらに、複数のユーザーで協力して作業するためのオンラインサービスがGitHubです。GitHubではブラウザを利用して複数のユーザーとソースコードの管理や、コメントのやり取りができます。多くのオープンソースプロジェクトがGitHubを利用しており、いまやチーム開発だけでなく個人開発でも必須のツールといえるでしょう。

2-5-2 | Gitのインストール

Windows環境でGitを利用する場合にはインストールが必要です（※2-1）。

まず、Gitの公式サイトにアクセスします。ここで、「Click here to download」をクリックしてダウンロードします。

URL https://git-scm.com/download/win

図2-5-1　Gitの公式サイト

※2-1　macOSでは代わりにAppleの提供する開発環境XCode（https://developer.apple.com/jp/xcode/）のインストールが必要になります。

ダウンロードしたインストーラーを実行すると、インストールがはじまります。いくつか選択肢を問われますが、基本的にはすべてデフォルトの設定で問題ありません。

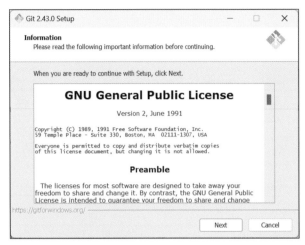

図2-5-2　インストールを進める

図2-5-3の画面が表示されたら、インストールは完了です。

図2-5-3　インストールが完了

インストールが完了したら、インストールが完了しているかコマンドプロンプトを利用して確認してみましょう。

コマンドプロンプトを開いて「git -v」と入力し、[Enter] キーで実行します。インストールしたGitのバージョンが表示されていれば、Gitのセットアップは完了です（図2-5-4）。

図2-5-4　コマンドプロンプトでコマンドを実行

2-5-3 │ Gitを使ってみよう

Gitのインストールが完了したので、早速Gitを使ってみましょう。VSCodeを再起動して、メニューの「ファイル」タブ→「フォルダーを開く」から、先ほど作成したmy-next-projectディレクトリを選択します。次にVSCodeのメニューの「ターミナル」タブ→「新しいターミナル」を選択して、ターミナルを起動しましょう。

Gitのユーザー設定

Gitを利用するために、ターミナルからEmailアドレスとユーザー名を設定します。ここで設定したEmailアドレスとユーザー名がGitの履歴に記録されるので開発に利用していくものを登録しましょう。

次のコマンドを入力して登録することができます。you@example.com、Your Nameの部分にはご自身のEmailアドレスとユーザー名を入れてください。

```
git config --global user.email "you@example.com"
git config --global user.name "Your Name"
```

Gitリポジトリの作成

プロジェクトでGitを使うためには、最初にそのプロジェクトのディレクトリでGitを初期設定する必要があります。初回だけの作業ですが、git initコマンドを使って初期設定を行います。ターミナルに次のコマンドを入力して、実行しましょう。

```
git init
```

Gitの初期設定が完了するとVSCodeのファイル一覧にも変化が見られます。Gitの履歴に登録されていないファイルの色が変わったのがわかります。

「U」はuntrackedの略でまだGitに登録されていないって意味だよ

図2-5-5 Gitの初期設定後のファイル一覧

ファイルのコミット

Gitでは編集したファイルを開発者の作業単位で保存して記録していきます。その履歴を記録することをGitでは**コミット**といいます。

コミットを行うためには、事前にコミットしてもよいファイルを**ステージ**と呼ばれる状態に登録する必要があります。開発は、コードの編集→保存→ステージに登録→コミットという流れで進めていきます（図2-5-6）。

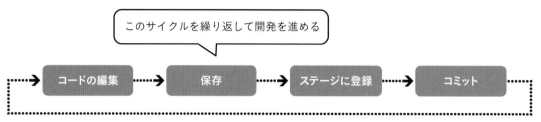

図2-5-6　開発の流れ

初期状態では何もコミットされていないので、最初のコミットをしてみましょう。ファイル全体をステージに登録するために、ターミナルに「git add .」と入力して実行してください。末尾の「.」はその階層以下にあるすべてのファイルをステージに登録するという指定になります。入力を忘れないようにしましょう。

```
git add .
```

実行すると、すべてのファイルがステージに登録されます。ファイルの右側のUのマークがAのマークになれば、ステージに登録されています。

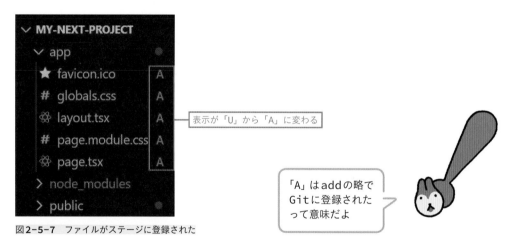

図2-5-7　ファイルがステージに登録された

次にステージに登録したファイルをコミットします。コミットする際は、具体的にどのような修正作業を行ったのか、コメントを登録しましょう。コメントを残しておくことで、後から作業の内容を思い返しやすくなります。今回は、「最初のコミット」とコメントを登録します。

```
git commit -m "最初のコミット"
```

これで最初のコミットが完了です。コミットされているか履歴を確認してみましょう。履歴の確認にはgit logコマンドを利用します。

```
git log
```

最初のコミットが履歴に表示されていればコミット成功です。

```
PS C:\Users\████\my-next-project> git log
commit 944cb0a520130610cf8b98a5672e046f96613d6d (HEAD -> master)
Author: shoeisha <k-ohshima@shoeisha.co.jp>
Date:   Sun Jun 9 15:54:43 2024 +0900
```

最初のコミット ——— コミットが表示される

図2-5-8 最初のコミットが確認できた

2-5-4 │ GitHubを使ってみよう

チーム開発やオープンソースの開発ではGitの履歴やソースコードの管理をするためにGitHubがよく利用されています。先ほど作成したプロジェクトもGitHubを使ってソースコードを管理していきましょう。

GitHubのアカウントを持っていない方は、下記URLからアカウントを作成しておいてください。

URL▶ https://github.com/

図2-5-9 GitHubの公式サイト

GitHubのアカウントを作成してログインしたら、今回のプロジェクトのための新規リポジトリを作成します。下記URLから、新規リポジトリの作成画面にアクセスしましょう。

URL https://github.com/new

　リポジトリの作成画面が開いたら、作成したいリポジトリの名前「my-next-project」を入力して、右下の「Create repository」をクリックします（図2-5-10）。

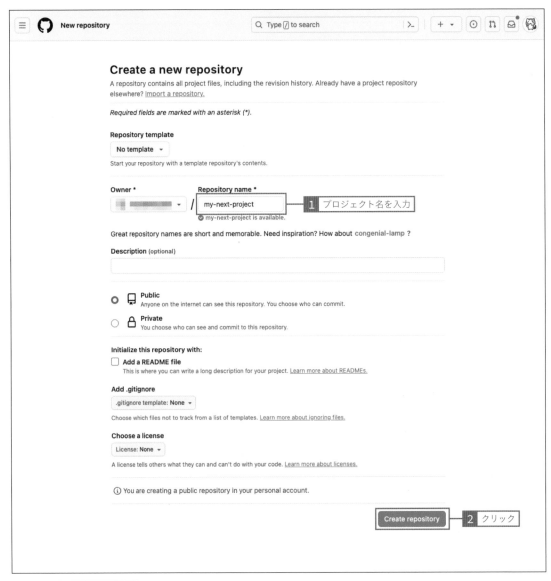

図2-5-10　リポジトリの作成

リポジトリの作成が完了すると、ローカル環境とGitHubを連携させるために必要なコマンドが表示されます。「...or push an existing repository from the command line」と書かれた部分のコピーボタンを押してコマンドをコピーしましょう（図2-5-11）。

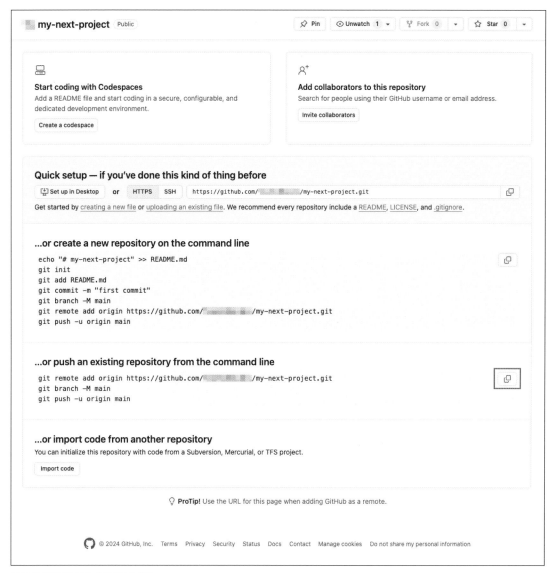

<figure>図2-5-11　コマンドをコピーする</figure>

　次にVSCodeのターミナルに、コピーしたコマンドをペーストして実行します。ターミナルが起動していない場合は、20ページを参照してターミナルを起動しましょう。

```
git remote add origin https://github.com/your-name/your-repository-⏎
name.git
git branch -M main
git push -u origin main
```

　https://からはじまるURLはご自身の環境に合わせたものを入力してください。コピーしていればそのまま利用できるはずです。

GitHubへのサインインを済ませると、図2-5-12のようなメッセージが出て、GitHubへのアップロードが成功すれば連携が完了です。

```
Enumerating objects: 18, done.
Counting objects: 100% (18/18), done.
Delta compression using up to 16 threads
Compressing objects: 100% (17/17), done.
Writing objects: 100% (18/18), 50.93 KiB | 10.19 MiB/s, done.
Total 18 (delta 0), reused 0 (delta 0), pack-reused 0
To https://github.com/          /my-next-project.git
 * [new branch]      main -> main
branch 'main' set up to track 'origin/main'.
```

図2-5-12　連携完了のメッセージ

GitHubの自身のページからも登録したプロジェクトのソースコードを管理できるようになりました（図2-5-13）。

my-next-project Public				
⅄ Pin	⊙ Unwatch 1			

⅄ main ▾	⅄ 1 Branch	⌂ 0 Tags		Q Go to file	t	Add file ▾	⟨⟩ Code ▾

最初のコミット ✓		944cb0a · 9 minutes ago	🕐 1 Commit
📁 app	最初のコミット		9 minutes ago
📁 public	最初のコミット		9 minutes ago
📄 .eslintrc.json	最初のコミット		9 minutes ago
📄 .gitignore	最初のコミット		9 minutes ago
📄 README.md	最初のコミット		9 minutes ago
📄 next.config.mjs	最初のコミット		9 minutes ago
📄 package-lock.json	最初のコミット		9 minutes ago
📄 package.json	最初のコミット		9 minutes ago
📄 tsconfig.json	最初のコミット		9 minutes ago

図2-5-13　GitHub上のプロジェクトのリポジトリ

これで準備完了！
いよいよ次の章から
Webサイトの制作
をはじめるよ。

chapter

3

トップページを
作ってみよう

第3章では、コーポレートサイトの顔となるトップ
ページを作成します。トップページの作成を通じて、
Next.jsでWebサイトを作る上での基本知識や具体的
なマークアップ方法、CSSでのスタイリングや画像の
取り扱いについて学びましょう。

SECTION 3-1 ページを書き換えてみよう

第2章では開発環境を立ち上げました。まずは、Next.jsのデフォルトページの内容を変更してビジュアルを整えてみましょう。

3-1-1 │ Next.jsのディレクトリ構成を知ろう

作業をはじめる前に、Next.js特有の**ディレクトリ構造**について基礎知識を押さえておきましょう。Next.jsのマークアップをスムーズに行うために、この構造をきちんと理解することが重要です。VSCodeの画面左側にあるサイドバーの、一番上のアイコンをクリックすると、第2章で作成したNext.jsのデフォルトのディレクトリとファイルが表示されます。

本書で扱うそれぞれのディレクトリ・ファイルについて、役割を紹介します。

図3-1-1 ディレクトリとファイルの確認

重要なappディレクトリ

まずは一番上の**appディレクトリ**についてです。Next.jsにおいて、appは**サイトのページを表示する起点となるディレクトリ**です。このディレクトリ内のファイルを変更することで、サイトの見た目を編集できます。appディレクトリのアイコンをクリックして開いてみると、配下は右の図のような構成になっています。

```
app
  favicon.ico
  globals.css
  layout.tsx
  page.module.css
  page.tsx
```

ディレクトリ構成図

page.tsx

appディレクトリの中にある**page.tsx**をクリックして、VSCodeで開いてみましょう。ファイルの内容は次のようになっています。page.tsxは画面のUIをHTMLタグで記述し、表示するためのファイルです。次に示すリスト3-1-1のタイトルである「app/page.tsx」は「appディレクトリの中にあるpage.tsx」を指す表記です。以降、本書では特定のファイルの置かれた場所を示す際は、同様の表記を用いて説明します。

```
import Image from "next/image"
import styles from "./page.module.css"

export default function Home() {
  return (
    <main className={styles.main}>
      <div className={styles.description}>
        <p>
          Get started by editing 
          <code className={styles.code}>app/page.tsx</code>
        </p>
（省略）

      </div>
    </main>
  )
}
```
①

詳細は次節以降で解説するので、今は詳しい内容がわからなくても大丈夫です。ここでは①の部分に「**Get started by editing……**」という文言があることを覚えておいてください。

実際にpage.tsxの内容をブラウザで確認してみましょう。VSCodeでターミナルを開きます。画面上部にあるメニューの「ターミナル」から「新しいターミナル」をクリックしてください。

画面下部に開いたターミナルに以下のコマンドを入力します。

このコマンドを入力することで、**開発用のブラウザを起動するためのサーバーを立ち上げる**ことができます。

```
npm run dev
```

このコマンドは何度も
使うことになるから、
覚えておいてね

コマンドを実行したら、ブラウザを開き、http://localhost:3000/ にアクセスしてみましょう。図3-1-2のようにNext.jsの初期テンプレートが表示されれば成功です。

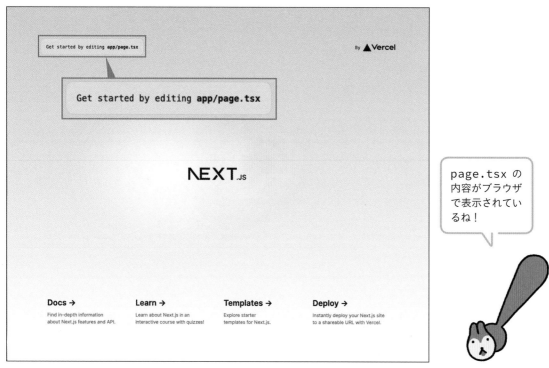

図3-1-2 **Next.js**の初期テンプレートが表示される

app/page.tsxに書かれていた「**Get started by editing……**」が左上に表示されています。このように Next.jsでは**appディレクトリ配下の page.tsxファイルを起点にして、ブラウザに画面を表示します。**

また appディレクトリの配下にmembersやnewsなどのディレクトリを作成し、その中に page.tsx ファイルを作成することで、それに対応した下層ページが生成されます（詳しくは第4章で紹介します）。

図3-1-3 ファイル名に応じたページが生成される

layout.tsx

その他にも Next.jsではファイル名によって、機能追加をする特別なファイルが存在します。app ディレクトリの中の**layout.tsx**はその1つです。このファイルを作成すると、**サイト全体のレイアウトやメタデータなどを設定できます。**これらの特別なファイルは都度紹介します。

またNext.jsは、**初期設定なしでプロダクトを作れる**ことが大きな特徴です。そのため、この書籍では細かい設定をすることは少ないですが、それぞれのファイルにどのような役割があるのか紹介します。

package.json

npm経由でインストールしたパッケージやnpmコマンドを管理するファイルです。先ほどブラウザで画面を表示するときに実行した npm run dev というコマンドは、このファイルのscriptsフィールドに記述されています。実際にはNext.jsの next dev というNext.jsの開発サーバーを立ち上げるコマンドが実行されていました。

```
{
  "name": "my-next-project",
  "version": "0.1.0",
  "private": true,
  "scripts": {
    "dev": "next dev",
    "build": "next build",
    "start": "next start",
    "lint": "next lint"
  },
  "dependencies": {
    "@types/node": "20.11.16",
    "@types/react": "18.2.55",
    "@types/react-dom": "18.2.18",
    "eslint": "8.56.0",
    "eslint-config-next": ⏎
"14.1.0",
    "next": "14.1.0",
    "react": "18.2.0",
    "react-dom": "18.2.0",
    "typescript": "5.3.3"
  }
}
```

package-lock.json

npm経由でインストールしたパッケージのバージョンを固定するファイルです。変更することはありません。

next.config.mjs

Next.jsの設定を拡張できます。他のライブラリなどと連携する際に設定することがあります。

tsconfig.json

TypeScriptの設定をするファイルです。「TypeScriptとは何か」は後ほど紹介します。

.eslintrc.json

eslintの設定をするファイルです。第2章でも紹介したように、**eslintとはプロダクトごとのコーディングルールなどを設定できるライブラリ**です。本書では設定の変更などはしません。

publicディレクトリ

画像ファイルなどを配置できるディレクトリです。静的な画像やアイコンなどを取り扱う際に説明します。

ここでは、マークアップする上で必要なNext.jsの基礎知識について紹介しました。この段階で理解できなくても問題はありません。Next.jsの機能については都度紹介します。

Next.jsのようなフレームワークを扱う上では、公式のドキュメントを参照することも重要です。書籍内でも都度紹介しますが、必要に応じて下記のURLからドキュメントも読んでみてください。

URL https://nextjs.org/docs

3-1-2 | JSXでマークアップする方法を知ろう

Next.jsはReactというUIライブラリをベースとしたフレームワークです。**Next.jsはReactをより扱いやすくするためのフレームワーク**という関係性を持っています（図3-1-4）。Reactについて知ることでNext.jsの理解がより深まります。まずはReactのマークアップの基本について学んでいきます。

Reactでは、マークアップにJSXという構文を使用します。JSXとはJavaScript内にHTMLのようなマークアップを書けるようにする構文拡張機能です。

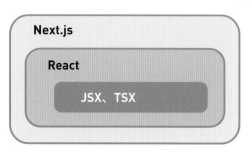

図3-1-4　Next.jsとReactの関係

 ### JSX・TSXとは？

JSXでは.jsxという拡張子のファイルを扱います。3-1-1項で、page.tsxというファイルを確認しました。TSXとはJavaScriptではなく、TypeScriptという言語をマークアップできるように拡張した構文です（ファイルの拡張子は.tsxとなります）。以降、本書ではTSXを使用して解説を行います。

 ### TypeScriptとは？

TypeScriptとはJavaScriptに「型」を加えて、より扱いやすくした言語です。基本的な構文はJavaScriptと同じですが、加えてTypeScriptの「型」について学ぶ必要があります。TypeScript特有の内容については後ほど解説します。詳細は下記URLから公式のドキュメントも参照してください。

URL https://www.typescriptlang.org/

3-1-3 | 文章を書き換えよう

　では、実際にトップページを作成しながらTSXの書き方について学んでいきましょう。**トップページを書き換えるには、app/page.tsxを編集します。**

　先ほどと同様にVSCodeのサイドバーのapp/page.tsxをクリックし、ファイルを開きます。**ファイルの内容をすべて削除してから、次のコードを記述してください。**トップページの文言を「テクノロジーの力で世界を変える」に変更してみましょう。

リスト**3-1-2 app/page.tsx**

```
export default function Home() {
    return <h1>テクノロジーの力で世界を変える</h1>;
}
```

既存のコードを削除して追加

　ファイルを保存したら、ブラウザで http://localhost:3000/ に アクセス し、ページを確認してみましょう（※3-1）。33ページで「npm run dev」コマンドを実行し、サーバーを立ち上げたままの状態であれば、図3-1-5のような見た目になっているはずです。「テクノロジーの力で〜」というマークアップが反映されていれば、正しく動作しています。この時点では完成形とは異なる見た目をしていますが、問題ありません。

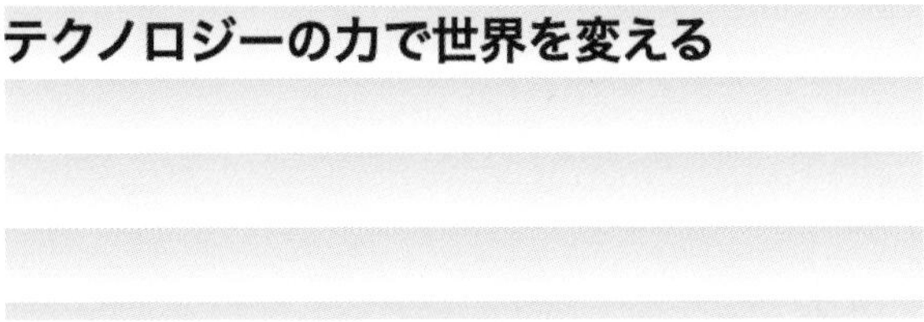

テクノロジーの力で世界を変える

図**3-1-5**　ページにアクセスした際の表示

Next.jsとホットリロード

　VSCodeで「npm run dev」コマンドを実行してNext.jsサーバーを立ち上げると、VSCodeのターミナルには図3-1-6のように表示されます。

　app/page.tsxなどを編集して保存すると、図3-1-7のようにCompiledとログが表示されます。

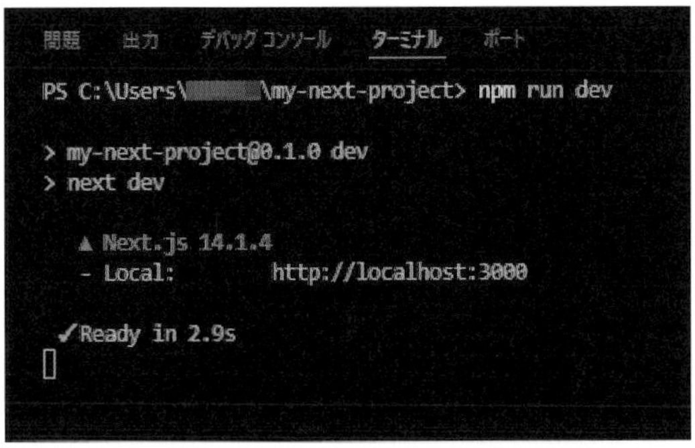

```
問題  出力  デバッグ コンソール  ターミナル  ポート

PS C:\Users\          \my-next-project> npm run dev

> my-next-project@0.1.0 dev
> next dev

  ▲ Next.js 14.1.4
  - Local:        http://localhost:3000

✓Ready in 2.9s
```

図**3-1-6　Next.js**サーバーを立ち上げた際の表示

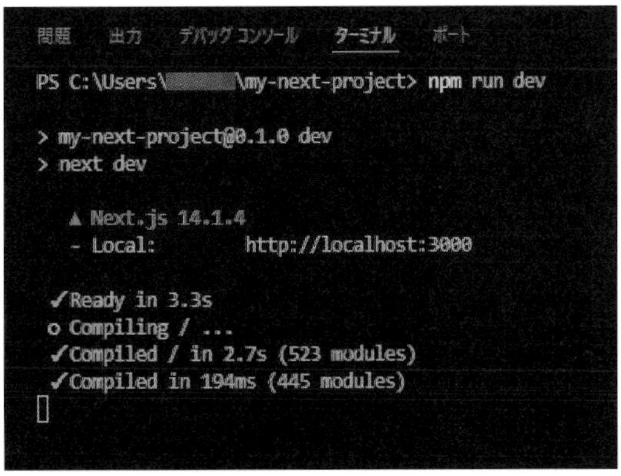

```
問題  出力  デバッグ コンソール  ターミナル  ポート

PS C:\Users\          \my-next-project> npm run dev

> my-next-project@0.1.0 dev
> next dev

  ▲ Next.js 14.1.4
  - Local:        http://localhost:3000

✓Ready in 3.3s
o Compiling / ...
✓Compiled / in 2.7s (523 modules)
✓Compiled in 194ms (445 modules)
```

図**3-1-7**　ログが表示される

※3-1　コマンドライン上のhttp://localhost:3000 を［Ctrl］キーを押しながらクリックすることでも、ブラウザで開発中の画面を開けます（Macの場合は［Cmd］キーを押しながらクリックします）。

このように、ファイルを修正すると自動で変更を反映する仕組みを**ホットリロード**と呼びます。基本的にはファイルを編集して保存するだけで、変更が反映されます。

もし変更が反映されない場合は、次のいずれかの方法を試してください。これ以降、ブラウザ上での確認方法の手順は省きますが、変更が反映されないときはこれらの方法を試してみてください。

・ブラウザをリロードする
・コマンドライン上で［Ctrl］＋［C］キーを押し、npm run devを一度止めてから再実行する
　‒「バッチ ジョブを終了しますか（Y/N）?」と質問されたら「Y」と回答する

HTML要素を単一の要素で囲んで返す

では、次にpタグで文章を追加してみましょう。app/page.tsxを次のように修正します。

リスト**3-1-3**　app/page.tsx

```
export default function Home() {
    return <h1>テクノロジーの力で世界を変える</h1><p>私たちは市場をリードしているグロー⏎
バルテックカンパニーです。</p>;  ——— <p>タグで文章を追加
}
```

しかし、これではエラーが発生してしまいます（図3-1-8）。

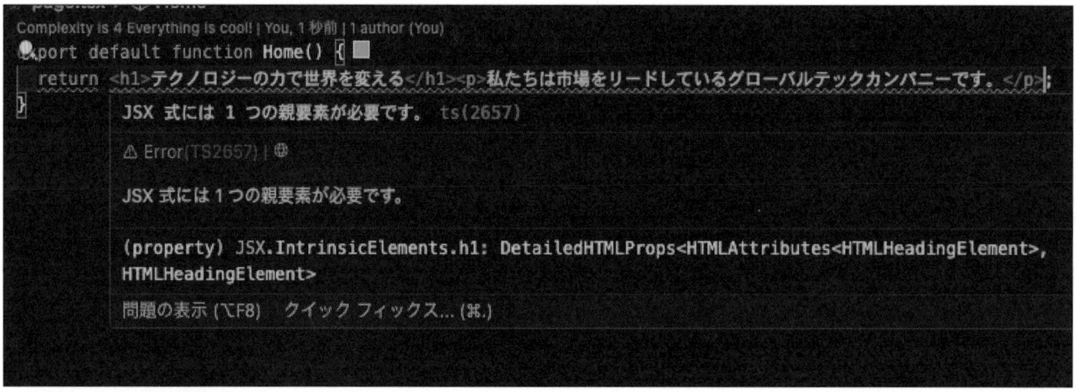

図**3-1-8**　エラーが発生する

これは、h1とpの2つの要素でreturn（HTML要素を返すこと）をしているために生じたエラーです。**JSXで複数の要素を返すには、単一の要素で返さなければいけない**というルールがあります。次のようにdiv要素で囲ってみましょう。

リスト**3-1-4**　app/page.tsx

```
export default function Home() {
  return (  ——— 丸かっこを追加
    <div>  ——— 追加
      <h1>テクノロジーの力で世界を変える</h1>
      <p>私たちは市場をリードしているグローバルテックカンパニーです。</p>
    </div>  ——— 追加
  );  ——— 丸かっこを追加
}
```

次のように文章が反映されていれば正しく動作しています（図3-1-9）。

テクノロジーの力で世界を変える
私たちは市場をリードしているグローバルテックカンパニーです。

図**3-1-9**　テキストが追加される

JavaScriptの式を参照するときは{}で囲む

　JSXはJavaScriptの構文拡張なので、JavaScriptを直接書くことができます。JavaScriptの値は波かっこ（{}）で参照します。タイトルの一部をJavaScriptの定数にして、次のように書き換えてみましょう。ブラウザで「テクノロジーの力で世界を変える」とテキストが変更されていれば、成功です。**確認が終わったら、変更部分は元に戻しておいてください。**

リスト**3-1-5　app/page.tsx**

```
export default function Home() {
    // JavaScriptの定数や式などを書くことができる
    const name = "世界";  ──────[追加]

    // HTMLのようなマークアップを書くことができる
    // JavaScriptを書いたり、参照する際には{}で囲む
    return (
      <div>
        <h1>テクノロジーの力で{name}を変える</h1>  ──────[「世界」を「{name}」に修正]
        <p>私たちは市場をリードしているグローバルテックカンパニーです。</p>
      </div>
    );
}
```

　JSXはこのように、**HTMLのようなマークアップとJavaScriptのロジックを同一ファイルに書ける**のが大きなメリットです。JSXには他にもいくつか独自のルールがあるので、解説の途中で都度紹介します。

　マークアップとロジックを同一ファイルに書けるのはメリットですが、例えばreturn以下にJavaScriptのロジックを書きすぎたり、1つのファイルに処理を書きすぎたりするとコードの見通しが悪くなり、修正が複雑になります。そして、修正が複雑になると不具合などの問題が起きやすくなります。ReactでのJSXは自由度が高く直感的な一方で、設計にはコツが必要です。本書を通して学んでいきましょう。

> サイト制作を通じて
> JSXの記法に慣れていこう！

3-1-4 モダンなCSS記法（CSSmodules）で装飾をしよう

この項では、Next.jsにおけるWebサイト制作でスタイルをつけていく方法を解説します。Next.jsなどのフレームワークで主流となっているモダンなCSSの考え方について学びましょう。

従来のCSSとモダンなCSSの違い

従来のWeb制作では、CSSファイルを作成し、グローバルにクラス名などを指定してスタイルをつけることが主流でした。Next.jsが生成する初期ファイルでは、**globals.css**でスタイルを適用しています。

まずは従来の方法で、スタイルを整えてみましょう。app/globals.cssを開き、元から記述されていたスタイルをすべて削除したら、次のようにスタイルを書いてみましょう。

ディレクトリ構成図

リスト**3-1-6 app/globals.css**

```css
.title {
  font-size: 3rem;
  font-weight: bold;
  text-align: center;
  margin-bottom: 1rem;
}

.description {
  text-align: center;
}
```

既存のスタイルを削除して追加

続いて、app/page.tsxでこのクラス名を指定して読み込んでみましょう。ファイルを開いて次のようにコードを修正します。Reactでは、classはclassNameと書くことに注意してください。

リスト**3-1-7 app/page.tsx**

```tsx
export default function Home() {
  return (
    <div>
      <h1 className="title">テクノロジーの力で世界を変える</h1>
      <p className="description">
        私たちは市場をリードしているグローバルテックカンパニーです。
      </p>
    </div>
  );
}
```

修正

図3-1-10のように表示されていればOKです。

040

テクノロジーの力で世界を変える

私たちは市場をリードしているグローバルテックカンパニーです。

図**3-1-10** スタイルが適用される

グローバルスタイルの問題点

このように、グローバルなCSSを読み込んでスタイルを当てる方法には、いくつかの問題点があります。

- グローバルなスタイルが他のスタイルと競合してしまう
  - クラス名の命名が難しくなる
- どのスタイルがどの要素に適用されているのか、メンテナンスがしにくくなる
  - 意図しないスタイルが当たってしまう

Next.jsのような、現代のフレームワークではこれらのデメリットを解決するためにScoped CSSと呼ばれる手法が取られています。

Scoped CSS

ディレクトリ構成図

Scoped CSSを使うにはいくつかの方法がありますが、本書では**CSS modules**という方法を解説します。先ほどのglobals.cssファイルの内容をすべて削除します。ファイル自体は削除しないように注意してください。

続いて、app/page.module.cssを開き、同じようにファイルの内容をすべて削除して、次のスタイルを追加します。

リスト**3-1-8 app/page.module.css**

```css
.title {
  font-size: 3rem;
  font-weight: bold;
  text-align: center;
  margin-bottom: 1rem;
}

.description {
  text-align: center;
}
```

既存のスタイルを削除して追加

Next.jsはデフォルトでCSS modulesに対応しているため、「.module.css」という拡張子でファイルを作成すれば、特に追加の設定をすることなくスタイルを適用できます。このクラス名を適用するには、app/page.tsxを次のように変更します。

リスト**3-1-9 app/page.tsx**

```
import styles from "./page.module.css";  ──── 追加。他のファイルを読み込むためにimportする


export default function Home() {
  return (
    <div>
      <h1 className={styles.title}>テクノロジーの力で世界を変える</h1> ──┐
      <p className={styles.description}> ─────────────────────────┤ 修正
        私たちは市場をリードしているグローバルテックカンパニーです。
      </p>
    </div>
  );
}
```

ファイル作成の手間がかかりますが、このようにファイルごとにCSS modulesでスタイルを当てることで、**CSSの影響範囲を、グローバルではなくファイルごとに限定できます。**現状ではメリットを感じにくいかもしれませんが、ページの数などが増えてくると管理のしやすさが実感できるようになってくるはずです。

globals.css の役割

globals.cssは特定の要素やコンポーネントのクラス名を管理するのではなく、**サイト全体で統一したい要素に対するスタイルを当てる**ようにしましょう。先ほど内容をすべて削除したapp/globals.cssに、次のスタイルを書いてみましょう。

リスト**3-1-10 app/globals.css**

```
:root {
  --font-mono: ui-monospace, ↵
Menlo, Monaco, "Cascadia Mono", ↵
"Segoe UI Mono", ↵
    "Roboto Mono", "Oxygen ↵
Mono", "Ubuntu Monospace", ↵
"Source Code Pro", ↵
    "Fira Mono", "Droid Sans ↵
Mono", "Courier New", monospace;
  --color-text-main: #333;
  --color-text-sub: #999;
  --color-text-unpainted: #fff;
  --color-text-error: #f33;
  --color-bg-main: #fff;
  --color-bg-sub: #f3f3f3;
  --color-bg-code: #fafafa;
  --color-bg-painted: #333;
  --color-border-dark: #333;
  --color-border: #ddd;
  --color-border-light: #f3f3f3;
  --color-current: #eee;
  --color-button-primary: #333;
  --border-radius: 4px;
}

* {
  box-sizing: border-box;
  padding: 0;
  margin: 0;
}

html,
body {
  max-width: 100vw;
```

```
    overflow-x: hidden;                    }
}

body {                                  code {
  font-family:                            font-family: menlo, ⏎
    -apple-system,                      inconsolata, monospace;
    BlinkMacSystemFont,                 }
    "Helvetica Neue",
    YuGothic,                           a {
    "ヒラギノ角ゴ ProN W3",                  color: inherit;
    Hiragino Kaku Gothic ProN,            text-decoration: none;
    Arial,                              }
    "メイリオ",
    Meiryo,                             ol,
    sans-serif;                         ul {
  color: var(--color-text-main);          list-style: none;
  line-height: 1.8;                     }
```

　本書では、globals.cssにフォントの指定や要素のスタイルなど、サイト全体で統一したいスタイルを設定するようにしています。

　-color-text-main: #333のような記述は、**CSSカスタムプロパティ**という手法を使用しています（※3-2）。CSSを定数のように管理することで、サイト全体で統一したスタイルにすることができます。これをページごとのcss.modulesで利用するには、次のように変更します。page.module.cssを変更する例です。

```
.title {
  color: var(--color-text-error);  ────[記述を変更]
  font-size: 3rem;
  font-weight: bold;
  text-align: center;
  margin-bottom: 1rem;
}
```

　「テクノロジーの力で世界を変える」というテキストが、図3-1-11のように赤色になります。確認ができたら、スタイルの色は元に戻しておいてください。

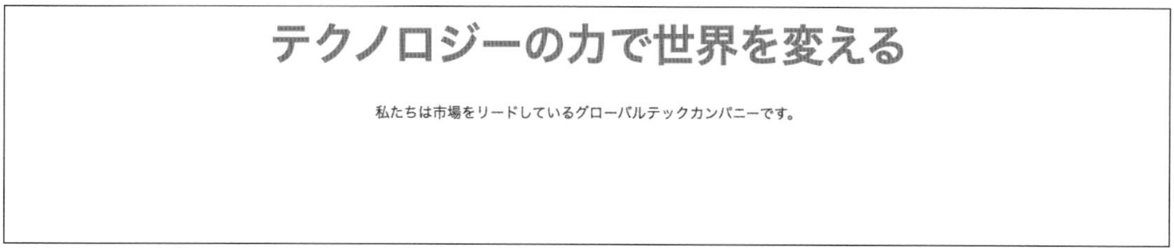

```
         テクノロジーの力で世界を変える

      私たちは市場をリードしているグローバルテックカンパニーです。
```

図**3-1-11**　テキストの色が変わる

※3-2　https://developer.mozilla.org/ja/docs/Web/CSS/Using_CSS_custom_properties

画像を扱ってみよう

この節ではトップページに背景画像を追加して、メインビジュアルを完成させます。Next.jsで画像を扱う方法について学びましょう。

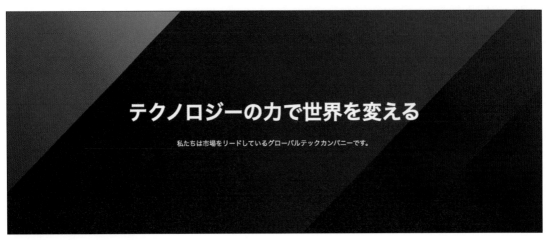

図3-2-1　この節の完成イメージ

3-2-1 │ 画像ファイルの扱い方

画像やフォントなどの静的なアセットをNext.jsで扱うには、**publicディレクトリ**を利用します。このディレクトリに画像を配置することで、その画像にアクセスできます。

画像をダウンロードする

使用する画像は、次のURLから本書のリポジトリにアクセスし、ダウンロードしてください。

URL　https://github.com/nextjs-microcms-book/nextjs-website-sample/tree/main

緑色の「Code」ボタンをクリックして、「Download ZIP」を選択すると、リポジトリのデーター式がダウンロードができます（図3-2-2）。

図3-2-2　リポジトリのデーター式のダウンロード

ダウンロードができたらZipファイルを解凍してください。publicディレクトリに本書で使用する画像が入っているので、ドラッグ＆ドロップで自身の開発環境のpublicディレクトリに追加します。

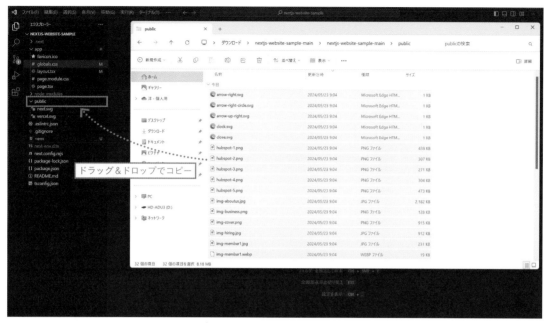

図3-2-3　画像を**public**ディレクトリにコピーする

配置した画像をapp/page.tsxで参照してみましょう。imgタグの箇所に警告文が表示されますが、現時点では気にしなくて構いません（3-2-2項で修正します）。

リスト**3-2-1　app/page.tsx**

```
import styles from "./page.module.css";

export default function Home() {
  return (
    <section className={styles.top}> ───── 追加
      <div>
        <h1 className={styles.title}>テクノロジーの力で世界を変える</h1>
        <p className={styles.description}>
          私たちは市場をリードしているグローバルテックカンパニーです。
        </p>
      </div>
      <img className={styles.bgimg} src="/img-mv.jpg" alt="" /> ───
    </section> ──────────────────────────────────────  追加
  );
}
```

JSXの**「必ず1つ以上の親要素が必要」**というルールを思い出しましょう（38ページ）。メインビジュアルをsectionタグでグルーピングします。画像タグは通常のHTMLと同様ですが、先ほどpublicファイルに配置した画像ファイルにアクセスするには「/img-mv.jpg」のように記載します。

app/page.module.cssに次のスタイルを追加します。ブラウザでhttp://localhost:3000にアクセスし、メインビジュアルが節冒頭の完成イメージと同様になっていればOKです。

```css
.top {
  position: relative;
  display: flex;
  align-items: center;
  justify-content: center;
  background-color: ⏎
rgba(0, 0, 0, 0.5);
  color: #fff;
  overflow: hidden;
  padding: 200px 0;
}

.title {
  font-size: 3rem;
  font-weight: bold;
  text-align: center;
  margin-bottom: 1rem;
}

.description {
  text-align: center;
}

.bgimg {
  position: absolute;
  top: 0;
  right: 0;
  width: 100%;
  height: 600px;
  object-fit: cover;
  object-position: right;
  display: flex;
  align-items: center;
```

追加

```css
  justify-content: center;
  z-index: -1;
}

@media (max-width: 640px) {
  .top {
    padding: 120px 16px;
  }
  .title {
    font-size: 2rem;
    text-align: left;
  }

  .description {
    text-align: center;
    font-size: 0.9rem;
    text-align: left;
  }

  .bgimg {
    position: absolute;
    top: 0;
    right: 0;
    width: auto;
    height: 600px;
    object-fit: cover;
    display: flex;
    align-items: center;
    justify-content: center;
    z-index: -1;
  }
}
```

追加

追加

3-2-2 | next/imageで画像を最適化しよう

　実はimgタグを使った画像の実装にはパフォーマンスの問題があります。先ほど画像をimgタグで実装した際、エディタに表示された警告文は、この問題を警告するものです。この項では、**画像のパフォーマンス最適化**を通して、Next.jsのメリットを実感してみましょう。

パフォーマンスの問題とは

先ほどの警告文を改めて確認してみましょう。「帯域幅が増加するため代わりにnext/imageパッケージの<Image/>を使用してください。」ということを伝える英文が表示されています（図3-2-4）。

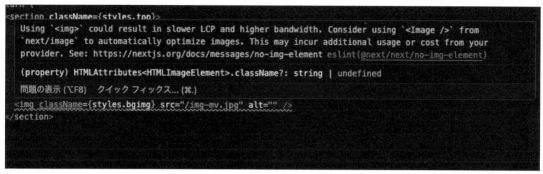

図3-2-4　エディタの警告文

警告文が出るとドキドキするけど、落ちついて中身を見てみよう。

「帯域幅が増加する」とはどのような意味でしょうか。今回使用したimg-mv.jpgは、幅4000px×高さ1200pxという大きいサイズの画像です。仮に、この画像を表示するブラウザのサイズ幅が1200pxだった場合、画像はその分縮小されて表示されます（図3-2-5）。このように、**画像を使用する際はブラウザ幅に適したサイズ・解像度の画像を使わないと、パフォーマンスが悪化してしまいます。**

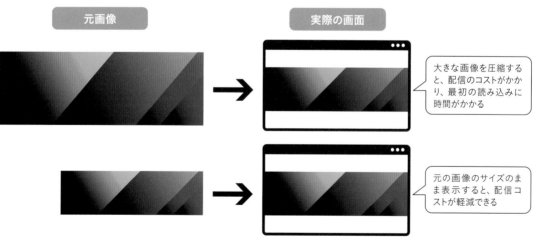

元画像

実際の画面

大きな画像を圧縮すると、配信のコストがかかり、最初の読み込みに時間がかかる

元の画像のサイズのまま表示すると、配信コストが軽減できる

図3-2-5　画像のサイズによって配信コストが変わる

ブラウザ幅に適したサイズの画像を用意するには

　この問題を修正するためにはNext.jsが組み込みで用意している**next/image**という機能を使用します。next/imageを使用すると、**ブラウザ幅に適したサイズの画像を自動で生成して、最適化できます**。使い方はimgタグとほぼ同様です。先ほどのimgタグでの実装を次のように書き換えます。

リスト**3-2-3　app/page.tsx**

```
import styles from "./page.module.css";
import Image from "next/image";          追加。ライブラリを読み込む際にもこのようにimportする

export default function Home() {
  return (
    <section className={styles.top}>
      <div>
        <h1 className={styles.title}>テクノロジーの力で世界を変える</h1>
        <p className={styles.description}>
          私たちは市場をリードしているグローバルテックカンパニーです。
        </p>
      </div>
      <Image
        className={styles.bgimg}
        src="/img-mv.jpg"
        alt=""                           修正
        width={4000}
        height={1200}
      />
    </section>
  );
}
```

　Imageをimportし、Imageタグで書き換えます。widthとheightの高さを指定することでこの比率を保ったまま適したサイズの画像を生成できます（※3-3）。

どれくらい変わったのかな？　デベロッパーツールで確認してみよう！

※3-3　publicファイルのように配置している場合はLocal Imagesを使用できます。この仕組みを使うとwidthやheightを省略できます。
https://nextjs.org/docs/pages/building-your-application/optimizing/images#local-images

imgタグとの比較

　実際に画像のサイズが調整された様子を確認してみましょう。ブラウザでhttp://localhost:3000に
アクセスし、デベロッパーツールを開きます（Google Chromeの場合、[F12]キーをクリックすれば
開きます）。続いて、デベロッパーツールの「要素」タブを開き、画像のsrcにマウスホバーをすると、
画像の詳細が表示されます。imgタグを使った場合、820kbだったファイルサイズが21.1kbとなり、
縮小できていることがわかります（図3-2-6）。

　このようにNext.jsはパフォーマンス最適化を行う仕組みを多く取り入れています。今回の画像最
適化の実装をnext/imageで行わない場合、実装のコストが高くなってしまいます。

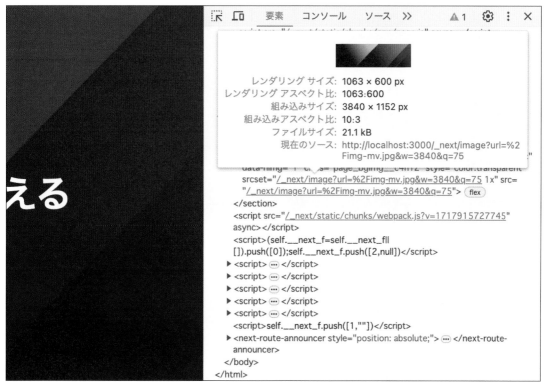

図3-2-6　デベロッパーツールの要素タブ

　Webサイト制作のベストプラクティスに沿った実装を行えるという点は、Next.jsのようなフレー
ムワークを採用する大きなメリットといえるでしょう。

SECTION 3-3 | トップニュースの セクションを作ってみよう

この節では、トップページのトップニュースの表示部分を作成します。Java Scriptでのデータの表示のさせ方について学びましょう。またJavaScriptに型システムを追加したTypeScriptも紹介します。

図3-3-1　この節の完成イメージ

3-3-1 | データを表示させよう

　実際にデータを表示させる前に、データなどを表現する上で知っておきたいTypeScriptの型について紹介します。

TypeScriptの「型」について知ろう

　そもそも「**型**」とはなんでしょうか。プログラミング言語で扱うデータは、例えば「りんご」のような文字列や「123」のような数字など、それぞれの形式の「**データ型**」を持っています。JavaScriptも例外ではありません。コードの例を見てみましょう。

```
let data = "りんご"
data = 123 ──── 文字列を数字に書き換えられる
```

　この例のように特定の型を明示的に指定せず、プログラムの実行時に自動的にデータ型が決定される言語のことを「**動的型付け言語**」と呼びます。動的型付け言語はデータ型を自由に扱える一方で、誤ったデータ型で扱ってしまうなど、エラーの原因となることもあります。

　TypeScriptは、JavaScriptの構文はほぼそのままに、コード記述時に「型」を決定するようにした言語です。このような言語を「**静的型付け言語**」と呼びます。先ほどのJavaScriptをTypeScriptで書くと以下のようになります。

```
let data: string = "りんご"
data = 123 ──── 「型 'number' を型 'string' に割り当てることはできません」とエラーが出る
```

　文字列（string）型を明示的に指定していることに注目してください。このようにプログラムを実行する前に、データ型を決定しエラーを検知することによって、型の不一致によるバグを減らし、エラーを早期に発見できます。

 ## TypeScriptの型について

本書では、主にTypeScriptにおける基本的な型を扱います。例えば、文字列に使うstring型や、数字に使うnumber型などがあります。その他にも、

- 真偽値を表すboolean型
- 配列を表すArray型
- 存在しない、空の値を表すundefined、null

などがあります。このような型はプログラミング言語にはじめから機能として備え付けられている型であり、これを「**プリミティブな型**」と表現します。
TypeScriptの「型」について学ぼうとするとそれだけで一冊の本になってしまうほどです。この段階では全部覚えようとはせずに、まずはコーディングをしながらTypeScriptとVSCodeによる補完機能の快適さを実感してもらえればOKです（必要に応じて適宜説明します）。もし、本書を終えた後にもっと詳しくTypeScriptについて学びたいと思ったら、公式ドキュメントのTypeScript Handbook（下記URL）などで学ぶことができます。

URL https://www.typescriptlang.org/docs/handbook/typescript-from-scratch.html

データを用意する

　それでは、実際に表示するニュース記事のデータを用意します。今回作成するニュースのように、複数のデータを表示するには**配列**を利用します。

　page.tsxにニュースの配列を用意します。TypeScriptの型も配列に合わせて用意してみましょう。データなどに合わせた型を用意するにはtype Newのようにtypeをつけて定義します。

リスト**3-3-1 app/page.tsx**

```
import styles from "./page.↵
module.css";
import Image from "next/image";

type News = {
  id: string;
  title: string;
  category: {
    name: string;
  };
  publishedAt: string;
  createdAt: string;
};

const data: {↵
 contents: News[] } = {
  contents: [
    {
      id: "1",
      title: ↵
"渋谷にオフィスを移転しました",
      category: {
        name: "更新情報",
      },
      publishedAt: "2023/05/19",
```

（追加）

```
      createdAt: "2023/05/19",
    },
    {
      id: "2",
      title: "当社CEOが業界↵
リーダーTOP30に選出されました",
      category: {
        name: "更新情報",
      },
      publishedAt: "2023/05/19",
      createdAt: "2023/05/19",
    },
    {
      id: "3",
      title: "テストの記事です",
      category: {
        name: "更新情報",
      },
      publishedAt: "2023/04/19",
      createdAt: "2023/04/19",
    },
  ],
};

export default function Home() {
```

（追加）

🛠 オブジェクト

前掲のコードでは、ニュースというデータを表現するために「**オブジェクト**」という概念が使われています。オブジェクトとは関連するデータの集合体です。プロパティというキーと値の組み合わせで構成され、ニュースであれば「記事タイトル」や「リリース日」など複数のデータの集合を表現できます。

```
id: "1",
title: "渋谷にオフィスを移転しました",
publishedAt: "2023/05/19"
```

ニュース

キー　値

図3-3-A オブジェクトのイメージ

配列の操作

用意した配列を表示します。app/page.tsxを以下のように修正します。

リスト**3-3-2 app/page.tsx**

```
export default function Home() {
  return (
    <>　──────［追加❶］
      <section className={styles.top}>

        (省略)

      </section>
      <section className={styles.news}>　──────────────────┐
        <h2 className={styles.newsTitle}>News</h2>
        <ul>
          {data.contents.map((article) => (　──────────── ❷
            <li key={article.id} className={styles.list}>
              <div className={styles.link}>
                <Image
                  className={styles.image}
                  src="/no-image.png"
                  alt="No Image"
                  width={1200}
                  height={630}
                />
                <dl className={styles.content}>
                  <dt className={styles.newsItemTitle}>↵
{article.title}</dt>
                  <dd className={styles.meta}>
                    <span className={styles.tag}>↵
{article.category.name}</span>　────────────── ❸
                    <span className={styles.date}>
                      <Image
                        src="/clock.svg"
                        alt=""
                        width={16}
                        height={16}
                        priority
                      />
                      {article.publishedAt}
                    </span>
                  </dd>
                </dl>
              </div>
            </li>
          ))}
```

［追加］

（次ページへ続く）

```
        </ul>
      </section>
    </>
  );
}
```

追加

このコードにはいくつかポイントがあります。

まず、単一の要素で返す必要があるというルールを思い出しましょう（38ページ）。sectionを追加しているので単一の要素で返す必要があります（❶）。<></>のような空文字での記法をフラグメントと呼びます（※3-4）。

また、配列を繰り返し展開して表示するには、mapメソッドを使用します（❷）。liタグにkeyを指定していることに注目してください。このキーは繰り返されるli要素に対して配列のどのアイテムを参照すべきかを伝えるもので、この例のようにarticle.idなど一意になるものを指定するようにします。

```
<li key={article.id} className={styles.list}>
```

試しに、key={article.id}の部分を削除してみてください。図3-3-2のような警告が出るはずです。

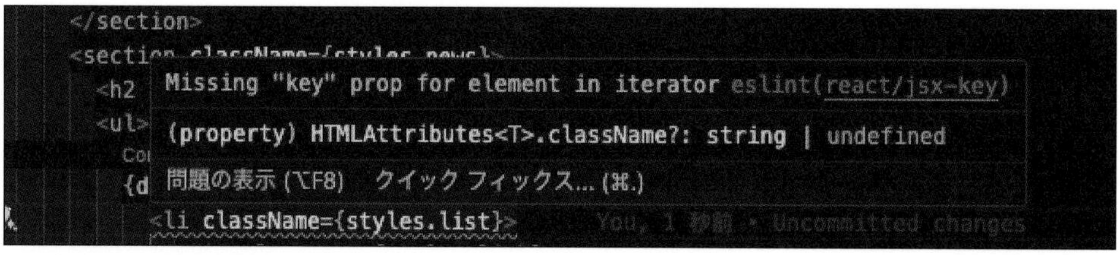

図3-3-2　警告文が表示される

news.category.nameにマウスホバーしてみましょう（❸）。コード入力しているときにも補完がされるので、誤った値を参照してしまったり、タイポしたりするミスを減らすことができます。これがTypeScriptの大きなメリットです。ぜひ実際に手を動かしながらコードを写経してみてください。

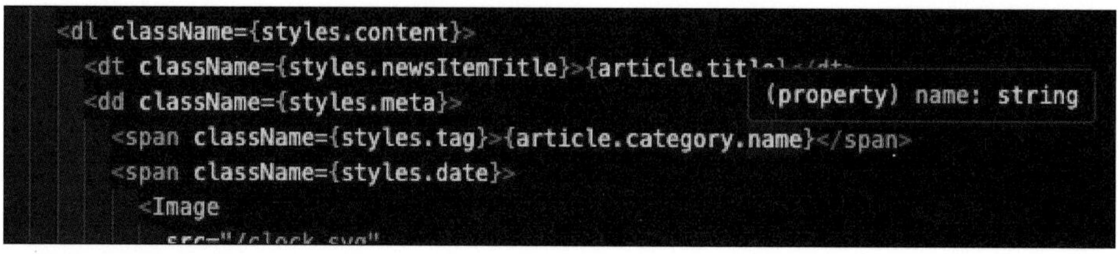

図3-3-3　コード補完

※3-4　ReactのFragment要素のことで、要素をグルーピングできます。空のタグ <></> は <Fragment></Fragment> の省略記法です。
　　　　https://ja.react.dev/reference/react/Fragment

表示件数を絞り込む

　現在の実装では、トップページに配列の要素であるニュースが、3件すべて表示されています。見本に合わせて2件以上は表示されないように修正してみましょう。配列の件数を絞り込むには、sliceメソッドを使います。次のように、app/page.tsxを修正します。

リスト**3-3-3　app/page.tsx**

```
export default function Home() {
  const sliceData = data.contents.slice(0, 2);    件数を2件に絞り込むように修正

  return (
    <>
      <section className={styles.top}>

        (省略)

      </section>
      <section className={styles.news}>
        <h2 className={styles.newsTitle}>News</h2>
        <ul>
          {sliceData.map((article) => (    data.contentsを修正
            <li key={article.id} className={styles.list}>

              (省略)

            </li>
          ))}
        </ul>
      </section>
    </>
  );
}
```

　スタイルも追加します。次のように、app/page.module.cssを修正します。

リスト**3-3-4　app/page.module.css**

```
.bgimg {
  position: absolute;
  top: 0;
  right: 0;
  width: 100%;
  height: 600px;
  object-fit: cover;
  object-position: right;
  display: flex;
  align-items: center;
  justify-content: center;
  z-index: -1;
}
```

```
.news {                              追加
  position: relative;
  background-color: #fff;
  width: 840px;
  margin: -40px auto 0;
  padding: 24px 40px;
  border-radius: ↵
var(--border-radius);
}

.newsTitle {
  font-size: 1.5rem;
```

（次ページへ続く）

```css
}

.list {
  border-bottom: 1px solid ↵
var(--color-border-light);
}
.list:last-child {
  border-bottom: none;
}

.link {
  display: flex;
  align-items: flex-start;
  gap: 40px;
  padding: 24px 0;
}

.image {
  width: 200px;
  height: auto;
  border-radius: ↵
var(--border-radius);
}

.newsItemTitle {
  font-size: 1.1rem;
  font-weight: bold;
  margin-bottom: 0.5rem;
}

.meta {
  display: flex;
  align-items: center;
  gap: 16px;
}

.tag {
  background-color: ↵
var(--color-bg-sub);
  padding: 4px 12px;
  border-radius: ↵
```

```css
var(--border-radius);
  white-space: nowrap;
  font-size: 1rem;
}

.date {
  display: flex;
  align-items: center;
  gap: 8px;                          ┐追加
  margin: 0.8rem 0;
  font-size: 1rem;
}

@media (max-width: 1000px) {
  .news {
    width: calc(100% - 160px);
  }
}

@media (max-width: 640px) {

  (省略)

  .bgimg {
    position: absolute;
    top: 0;
    right: 0;
    width: auto;
    height: 600px;
    object-fit: cover;
    display: flex;
    align-items: center;
    justify-content: center;
    z-index: -1;
  }

  .news {                            ┐追加
    width: calc(100% - 32px);
    padding: 16px 24px;
  }
}
```

このように JavaScript では要件に応じて配列を操作できます。2件のニュースのみが表示されていることを、ブラウザで http://localhost:3000 にアクセスし、確認してみましょう（図3-3-4）。

図3-3-4　ニュースの表示件数が2件になった

3-3-2 | コンポーネントを作ろう

この項では、Next.js で Web サイトを作る上で、重要な概念である**コンポーネント**について学びましょう。

コンポーネントとは

読者の皆さんは Web 制作の現場で「コンポーネント」という言葉を聞いたことがあるでしょうか。Next.js をはじめとしたモダンな Web フレームワークでは、このコンポーネントという概念を理解することがとても重要です。

Web サイトやアプリケーションなどのコンポーネントとは、サイトを構成する「部品」をイメージするとわかりやすいです。本書のサンプルサイトにどのような部品があるのか見てみましょう（図3-3-5）。

図3-3-5　サンプルサイトのコンポーネント

　わかりやすいのが、サイトのメインカラーでもある黒色のボタンです。サイト内で繰り返し使用され、サイト全体の統一感を高めています。また「更新情報」のようなタグや、日時表示なども繰り返し利用されている部品です。他に目を引くところでいうと、メインビジュアルも画面ごとに共通で使用されているコンポーネントだといえそうです（図3-3-6）。

図3-3-6　トップニュースもコンポーネント

いろんな部品が組み合わさってWebサイトはできているんだね

また、コンポーネントは繰り返し使用されているものとは限りません。先ほど作成したトップニュースはサイトの「部品」を担っているコンポーネントですが、その他の下層ページでは使われていません。このように見ていくと、**Webサイトは「コンポーネント」の組み合わせで作られているといえます。**ここからは、実際にコンポーネントの作り方を学んでいきましょう。

コンポーネントの作り方

それでは最初に「もっとみる」ボタンの作成を通じて、コンポーネントについて学びましょう。

図3-3-7 「もっとみる」ボタン

まず、appディレクトリの配下に_componentsディレクトリを、そしてその配下にButtonLinkディレクトリを作成します。ディレクトリを作成するにはVSCodeのサイドバーのappディレクトリにフォーカスが当たった状態で「新しいフォルダー...」をクリックします（図3-3-8）。

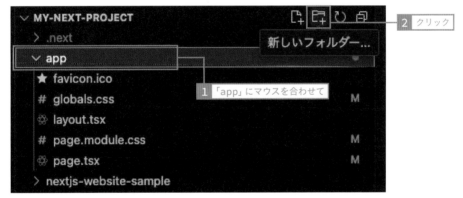

図3-3-8 ディレクトリの作成

ButtonLinkディレクトリが作成できたら、その配下にindex.tsxとindex.module.cssという2つのファイルを作成します。ファイルの作成アイコンは、ディレクトリ作成アイコンの左にあります。最終的に右の図のように、ディレクトリとファイルを作成してください。

Next.jsでコンポーネントのディレクトリを作る方法はいくつかありますが、ここでは_componentsのようにアンダースコア（_）を付与するディレクトリの作成方法を紹介します。app/_componentsにコンポーネントのディレクトリやファイルを配置することで、コンポーネントとして組み込まれます。

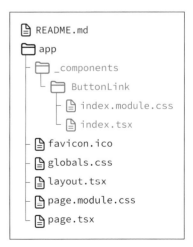

ディレクトリ構成図

app/_components/ButtonLink/index.tsxに次のようにコードを記述します。ページ内遷移をするためのリンクコンポーネントを作成しています。

リスト**3-3-5** app/_components/ButtonLink/index.tsx

```
import styles from "./index.module.css";

type Props = {
  href: string;
  children: React.ReactNode;
};

export default function ButtonLink({ href, children }: Props) {
  return (
    <a href={href} className={styles.button}>
      {children}
    </a>
  );
}
```

> 他のファイルで使用できるようにexport

COLUMN

default export と named export

コンポーネントなどを他のファイルでimportして利用するためには、**export**をしておく必要があります。exportにはdefault exportとnamed exportという2種類の方法があります。1つのファイルで2つ以上のコンポーネントや値などをexportするには、named exportをする必要があります。named exportの場合、次のようにコードを書きます。

```
export function ButtonLink() {}
```

本書籍ではコンポーネントなど1ファイルで1つの場合はdefault export、関数などを複数exportする際はnamed exportを利用します。

このコンポーネントのスタイルも追加しましょう。ButtonLink/index.module.cssに次のスタイルを記述します。これで、「もっとみる」ボタンのコンポーネントが作成できました。

リスト**3-3-6** ButtonLink/index.module.css

```
.button {
  display: block;
  padding: 20px 40px;
  border-radius: var(--border-radius);
  width: 300px;
  background:
    url("/arrow-right.svg") no-repeat right 20px center,
    var(--color-button-primary);
  color: var(--color-text-unpainted);
}
```

```
.button:hover {
  opacity: 0.9;
}

@media (max-width: 640px) {
  .button {
    padding: 16px 24px;
    width: 100%;
  }
}
```

React（Next.js）では、このようにして、コンポーネント内にJavaScriptのロジック、CSSのスタイル、JSXによるマークアップをまとめて、個別のディレクトリ・ファイルに切り出すことができます。作成したコンポーネントはサイト内で再利用ができます。

作成したコンポーネントを利用する

それでは、ButtonLinkコンポーネントをトップページで利用してみましょう。app/page.tsx にButtonLinkをimportするために、次のようにコードを修正します。

リスト**3-3-7 app/page.tsx**

```
import styles from "./page.module.css";
import Image from "next/image";

import ButtonLink from "@/app/_components/ButtonLink"; ─┐
                                          追加。他のファイルのコンポーネントを使用するときにもimportする
（省略）

    <section className={styles.news}>
      <h2 className={styles.newsTitle}>News</h2>
      <ul>

（省略）

      </ul>
      <div className={styles.newsLink}> ─┐
        <ButtonLink href="/news">もっとみる</ButtonLink>     追加
      </div> ─┘
    </section>
  </>
);
}
```

props と children

コンポーネントに値を渡すためには **props** を利用します。ButtonLink の href が props にあたります。

```
<ButtonLink href="/news">もっとみる</ButtonLink>
```

props は、定義したさまざまな値をコンポーネントに渡すことのできる要素です。HTML における属性と似たようなものと捉えるとわかりやすいでしょう。href に /news を指定することで、ButtonLink コンポーネントにリンクの情報を渡すことができます（ただし、news ページはまだ作成していないので、リンク遷移は現時点では正しく動作しません）。

ButtonLink タグの中に、「もっとみる」という文言が書かれているのに気づいたでしょうか。これは React における **children** という要素の渡し方です。ButtonLink コンポーネントの実装を見てみましょう。一部抜粋します。

```
type Props = {
  href: string;
  children: React.ReactNode;
};

export default function ButtonLink({
  href,
  children,
}: Props) {

  return (
   <Link href={href} className={styles.button}>
     {children}
   </Link>
  );
}
```

型は children: React.ReactNode として定義しています。これは React で子要素を受け取るための型です。props が string（文字列）型などの任意の値しか受け取れないのに対し、children では任意の子要素を受け取ることができます。例えば、children では次のように HTML 要素などを受け取ったり、画像や複数要素をレイアウトしたりできます。

```
<ButtonLink href="/news">
  <Image src="/" />
  <p>もっとみる</p>
</ButtonLink>
```

childrenは中の子要素をなんでも囲むように使うことができるんだ

最後にapp/pages.module.cssにButtonLinkのレイアウトを整えるスタイルを追加しましょう。

リスト3-3-8 app/pages.module.css

```
.newsTitle {
  font-size: 1.5rem;
}

.newsLink {                 ┐
  position: absolute;       │
  right: -40px;             ├─ 追加
  bottom: -40px;            │
}                           ┘

（省略）

@media (max-width: 640px) {

  （省略）
```

```
.news {
  width: calc(100% - 32px);
  padding: 16px 24px;
}

.newsLink {                 ┐
  position: relative;       │
  right: auto;              │
  bottom: auto;             ├─ 追加
  margin-top: 16px;         │
}                           │
                            ┘
}
```

ブラウザで「もっとみる」ボタンが表示されていれば、正しく作業を進めることができています。画面の高さによってはもっとみるボタンがやや隠れてしまうかもしれませんが、後ほど修正します。

図3-3-9 「もっとみる」ボタンが表示されている

なぜButtonLinkをわざわざdivで囲っているのか

先ほどのapp/pages.tsxにて、なぜわざわざButtonLinkにスタイルをつけずに、divで囲ったのか疑問に思う方もいるかもしれません。

```
<div className={styles.newsLink}>
  <ButtonLink href="/news">もっとみる</ButtonLink>
</div>
```

```
.newsLink {
  position: absolute;
  right: -40px;
  bottom: -40px;
}
```

これは、追加したスタイルがコンポーネントの見た目ではなく、レイアウトや他の要素との余白を付与する性質のものだからです。これらのレイアウトや余白までコンポーネントの指定に含めてしまうと、別の箇所でButtonLinkコンポーネントを再利用することが困難になってしまいます。これはコンポーネントの見た目としては同じでも、**使用される場所によって他のコンポーネントとの兼ね合いや余白が変わってくるため**です。そのため、例外はありますが、レイアウト・余白を含むものについてはコンポーネントとして定義しないのが一般的です。そういう意味では、Webサイトは「コンポーネント」と「余白」の組み合わせでできているといえるでしょう。

トップニュースをコンポーネント化する

次にトップニュースをコンポーネント化してみましょう。

図3-3-10　トップニュース

このトップニュースはWebサイト内で一度しか利用されていません。ではなぜコンポーネントに分けるのでしょうか。現状、トップニュースのコードには次の問題点があると考えられます。

- クラス名が衝突しやすい
- newsTitle や newsItemTitle などクラス名も冗長で、Scoped CSS のメリットを生かしきれていない
- データが存在しないケースに対応できていない

最後の項目について、試しにニュースが存在しない場合にどのような挙動になるのか確認してみましょう。app/page.tsxを編集します。

リスト3-3-9　app/page.tsx

```
import ButtonLink from "@/app/_components/ButtonLink";

（省略）

export default function Home() {
  // const sliceData = data.contents.slice(0, 2);
  const sliceData: News = [];        ← 追加

  return (

    （省略）

  );
}
```

処理をコメントアウトして、空配列にすることで
コンテンツが存在しない場合を再現してみる

ブラウザで画面を確認すると、レイアウトが崩れてしまうことがわかります（図3-3-11）。

図3-3-11　レイアウトが崩れてしまう

既存のpageの実装だとデータが存在しない（空の配列）ケースに対応できていないことがわかります。この場合、if文を書いて、データが存在しない場合の処理を書く必要があります。

このようにif文が入れ子の構造になったり（ネストと呼びます）、処理が複雑になったりしてしまうときは、コンポーネントに切り出すタイミングといえるでしょう。

エラーが出ることが確認できたら、sliceDataの値を元に戻しておきましょう。

NewsList コンポーネントの作成

ディレクトリ構成図

それではトップニュースのリスト全体をコンポーネントに切り出します。_componentsの配下に、新しくNewsListディレクトリを作成し、さらにその配下にindex.tsxとindex.module.cssを作成します。そして、index.tsxに次のコードを記述しましょう。

リスト **3-3-10 NewsList/index.tsx**

```
import Image from "next/image";

import styles from "./index.module.css";

type News = {
  id: string;
  title: string;
  category: {
    name: string;
  };
  publishedAt: string;
  createdAt: string;
};

type Props = {
  news: News[];
};

export default function NewsList({ news }: Props) {
  if (news.length === 0) {
    return <p>記事がありません。</p>;
  }
  return (
    <ul>
      {news.map((article) => (
        <li key={article.id} className={styles.list}>
          <div className={styles.link}>
            <Image
              className={styles.image}
              src="/no-image.png"
              alt="No Image"
              width={1200}
              height={630}
            />
            <dl className={styles.content}>
              <dt className={styles.title}>{article.title}</dt>
              <dd className={styles.meta}>
```

```
                  <span className={styles.tag}>{article.category.name}⏎
</span>
                  <span className={styles.date}>
                    <Image
                      src="/clock.svg"
                      alt=""
                      width={16}
                      height={16}
                      priority
                    />
                    {article.publishedAt}
                  </span>
                </dd>
              </dl>
            </div>
          </li>
        ))}
      </ul>
  );
}
```

　基本的にpage.tsxの実装をコピー＆ペーストして移しただけですが、次の点が変更になっていることに注意してください。

> ・class名がnewsItemTitleからtitleとシンプルになっている
> ・ニュースの記事が存在しない場合の処理が追加されている

　スタイルも合わせて実装します。NewsListディレクトリ内のindex.module.cssに次のスタイルを記述しましょう。

リスト3-3-11　app/_components/NewList/index.module.css

```
.list {
  border-bottom: 1px solid ⏎
var(--color-border-light);
}
.list:last-child {
  border-bottom: none;
}

.link {
  display: flex;
  align-items: flex-start;
  gap: 40px;
  padding: 24px 0;
}

.image {
  width: 200px;
  height: auto;
  border-radius: ⏎
var(--border-radius);
}

.title {
  font-size: 1.1rem;
  font-weight: bold;
  margin-bottom: 0.5rem;
}
```

（次ページへ続く）

```css
.meta {
  display: flex;
  align-items: center;
  gap: 16px;
}

.tag {
  background-color: ↵
var(--color-bg-sub);
  padding: 4px 12px;
  border-radius: ↵
var(--border-radius);
  white-space: nowrap;
  font-size: 1rem;
}

.date {
  display: flex;
  align-items: center;
  gap: 8px;
  margin: 0.8rem 0;
  font-size: 1rem;
}
```

```css
@media (max-width: 640px) {
  .link {
    display: block;
    padding: 16px 0;
  }
  .image {
    display: none;
  }
  .title {
    font-size: 1rem;
    font-weight: bold;
    margin-bottom: 0.4rem;
  }
  .meta {
    display: flex;
    align-items: center;
    gap: 16px;
  }
}
```

Webサイト全体で使用する型を1つのファイルにまとめる

NewsListコンポーネントを作成しましたが、現状の実装では問題があります。それはapp/_components/NewsList/index.tsxとapp/page.tsxの2箇所でNews型が定義されていることです。

リスト3-3-12 app/page.tsx

```tsx
import Image from "next/image";
import styles from ↵
"./page.module.css";

import ButtonLink from ↵
"./_components/ButtonLink";

type News = {        News型の定義
  id: string;
  title: string;
  category: {
    name: string;
  };
  publishedAt: string;
  createdAt: string;
};
```

リスト3-3-13 app/_components/NewsList/
            index.tsx

```tsx
import Image from "next/image";

import styles from ↵
"./index.module.css";

type News = {
  id: string;
  title: string;
  category: {
    name: string;       News型の定義
  };
  publishedAt: string;
  createdAt: string;
};
```

このように同じ型を複数箇所で定義すると、管理が難しくなります。そのため、Newsのようなサイト全体で使用する型は専用のディレクトリを作成して1箇所にまとめるようにしましょう。

　appディレクトリの配下に_libsディレクトリを作成し、microcms.tsというファイルを作成します。

　後の章でmicroCMSからNewsデータを取得するように修正するので、それに関連する型はmicrocms.tsにまとめていきます。

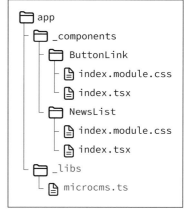
ディレクトリ構成図

リスト**3-3-14　app/_libs/microcms.ts**
```
export type News = {
  id: string;
  title: string;
  category: {
    name: string;
  };
  publishedAt: string;
  createdAt: string;
};
```

　トップページのNewsも、こちらの型を利用するように変更しましょう。

リスト**3-3-15　app/page.tsx**
```
import styles from "./page.module.css";
import Image from "next/image";

import ButtonLink from "@/app/_components/ButtonLink";
import { News } from "@/app/_libs/microcms";　――［追加］

type News = {
  id: string;
  title: string;
  category: {
    name: string;
  };                              ――［削除］
  publishedAt: string;
  createdAt: string;
};

const data: { contents: News[] } = {
  contents: [
    {
```

（次ページへ続く）

```
      id: "1",
      title: "渋谷にオフィスを移転しました",
      category: {
        name: "更新情報",
      },
      publishedAt: "2023/05/19",
    },
```

NewsList コンポーネントも、この型を利用するように修正します。

リスト 3-3-16 app/_components/NewsList/index.tsx

```
import Image from "next/image";

import styles from "./index.module.css";
import  { News } from "@/app/_libs/microcms"; ——— 追加

type News = { ———
  id: string;
  title: string;
  category: {
    name: string;
  };                    ——— 削除
  publishedAt: string;
  createdAt: string;
};

type Props = {
  news: News[];
};

export default function NewsList({ news }: Props) {
```

NewsList コンポーネントを利用する

それでは、早速作成した NewsList コンポーネントを利用してみましょう。使い方は簡単で、コン
ポーネントを import するだけです。

リスト**3-3-17** `app/page.tsx`

```tsx
import styles from "./page.module.css";
import Image from "next/image";

import NewsList from "@/app/_components/NewsList";     ——[追加]
import ButtonLink from "@/app/_components/ButtonLink";
import { News } from "@/app/_libs/microcms";

const data: { contents: News[] } = {

  (省略)

};

export default function Home() {

  return (
    <>

      (省略)

      <section className={styles.news}>
        <h2 className={styles.newsTitle}>News</h2>
        <NewsList news={sliceData} />     ——[ulを丸ごと削除してNewsListに差し替える]
        <div className={styles.newsLink}>
          <ButtonLink href="/news">もっとみる</ButtonLink>
        </div>
      </section>
    </>
  );
}
```

不要なCSSも削除します。

リスト**3-3-18** `app/page.module.css`

```css
.list {
  border-bottom: 1px solid ↵
var(--color-border-light);
}
.list:last-child {
  border-bottom: none;
}

.link {
  display: flex;
  align-items: flex-start;
  gap: 40px;
  padding: 24px 0;
}

.image {
  width: 200px;
  height: auto;
  border-radius: ↵
var(--border-radius);
}

.newsItemTitle {
  font-size: 1.1rem;
  font-weight: bold;
  margin-bottom: 0.5rem;
```

（次ページへ続く）

```
}

.meta {
  display: flex;
  align-items: center;
  gap: 16px;
}

.tag {
  background-color: ↵
var(--color-bg-sub);
  padding: 4px 12px;
  border-radius: ↵
```

```
var(--borderradius);
  white-space: nowrap;
  font-size: 1rem;
}

.date {
  display: flex;
  align-items: center;
  gap: 8px;
  margin: 0.8rem 0;
  font-size: 1rem;
}
```

　ブラウザで画面を確認してみましょう。見た目が変わらずに、トップページのニュースが表示されていれば正しく進められています。

カテゴリー、日時のコンポーネントを作成する

　NewsList内のカテゴリー、日時の表示をさらにコンポーネントにしてみましょう。「コンポーネントとは」（57ページ）で説明した通り、サイト全体で繰り返し利用される部品は、デザインの統一、再利用のためにコンポーネント化すると便利です。

　まずは「カテゴリー」のコンポーネントを作成します（図3-3-12）。

図3-3-12　カテゴリー

　_componentsディレクトリの配下にCategoryディレクトリを作成し、index.tsxとindex.module.cssを作成します。index.tsxに、次の内容を記述します。

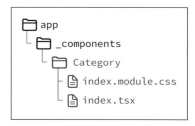

ディレクトリ構成図

リスト**3-3-19 app/_components/Category/index.tsx**

```
import type { Category } from "@/app/_libs/microcms";
import styles from "./index.module.css";

type Props = {
  category: Category;
};
export default function Category({ category }: Props) {
  return <span className={styles.tag}>{category.name}</span>;
}
```

　Category型も、先ほどのapp/_libs/microcms.tsに追加します。Categoryもサイト全体で採用する型かつ、microCMSデータで管理するので、このファイルにまとめておくと管理がしやすいです。

リスト**3-3-20 app/_libs/microcms.ts**

```
export type Category = {
  name: string;
}
```
先頭に追加

```
export type News = {
```

　スタイルも追加しましょう。Categoryディレクトリ内のindex.module.cssに、次のスタイルを記述します。

リスト**3-3-21 app/_components/Category/index.module.css**

```
.tag {
  background-color: var(--color-bg-sub);
  padding: 4px 12px;
  border-radius: var(--border-radius);
  white-space: nowrap;
  font-size: 1rem;
}
```

　次に「日時」のコンポーネントを作成します（図3-3-13）。

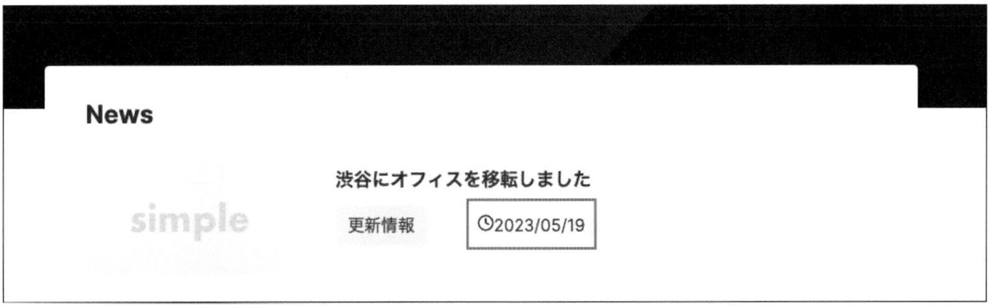

News

simple

渋谷にオフィスを移転しました

更新情報　🕐2023/05/19

図**3-3-13**　日時

_componentsディレクトリの配下にDateディレクトリを作
成し、index.tsxとindex.module.cssを作成します。index.tsx
に、次の内容を記述します。

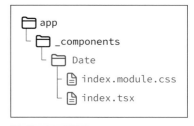

ディレクトリ構成図

リスト3-3-22 app/_components/Date/index.tsx
```
import Image from "next/image";
import styles from "./index.module.css";

type Props = {
  date: string;
};

export default function Date({ date }: Props) {
  return (
    <span className={styles.date}>
      <Image src="/clock.svg" alt="" width={16} height={16} ↵
loading="eager" />
      {date}
    </span>
  );
}
```

　スタイルも追加します。index.module.cssに、次のスタイルを記述します。

リスト3-3-23 app/_components/Date/index.module.css
```
.date {
  display: flex;
  align-items: center;
  gap: 8px;
  margin: 0.8rem 0;
  font-size: 1rem;
}
```

　CategoryとDateコンポーネントをNewsListコンポーネントに反映させてみましょう。

リスト3-3-24 _components/NewsList/index.tsx
```
import Image from "next/image";


import styles from "./index.module.css";
import Category from "../Category";  ────┐
import Date from "../Date";  ──────────────┼── 追加
import type { News } from "@/app/_libs/microcms";
```

```
type Props = {
  news: News[];
};

export default function NewsList({ news }: Props) {
  if (news.length === 0) {
    return <p>記事がありません。</p>;
  }
  return (
    <ul>
      {news.map((article) => (
        <li key={article.id} className={styles.list}>

        (省略)

            <dl className={styles.content}>
              <dt className={styles.title}>{article.title}</dt>
              <dd className={styles.meta}>
                <span className={styles.tag}>↵
{article.category.name}</span>
                <span className={styles.date}>
                  <Image
                    src="/clock.svg"
                    alt=""
                    width={16}
                    height={16}
                    priority
                  />
                  {article.publishedAt}
                </span>
                <Category category={article.category} />
                <Date date={article.publishedAt ?? ↵
article.createdAt} />
              </dd>
            </dl>
          </div>
        </li>
      ))}
    </ul>
  );
}
```

削除

追加

このようにコンポーネントを活用することで、コードの見通しがよくなります。変わらずトップニュースが正しく表示されていることを確認しましょう（図3-3-14）。

図3-3-14 完成イメージ

app/_components/NewsList/index.module.cssの不要なスタイルは削除しておきましょう。

リスト3-3-25 app/_components/NewsList/index.module.css

```
.tag {
  background-color: ↵
var(--color-bg-sub);
  padding: 4px 12px;
  border-radius: ↵
var(--border-radius);
  white-space: nowrap;
  font-size: 1rem;
}

.date {
  display: flex;
  align-items: center;
  gap: 8px;
  margin: 0.8rem 0;
  font-size: 1rem;
}
```

SECTION 3-4 | ヘッダー・フッターを作ってみよう

最後に、トップページのヘッダーとフッターのコンポーネントを作成します。ヘッダーとフッターはこの章で作成しているトップページ以外でも表示されるコンポーネントです。いわばWebサイト全体の共通レイアウトです。この節では、Next.jsで共通レイアウトを作成する方法を学びましょう。

3-4-1 | ヘッダーコンポーネントを作ろう

まずはヘッダーコンポーネントを作成します。これまでと同様に、_componentsディレクトリ配下にHeaderディレクトリを作成し、その中にindex.tsxとindex.module.cssを作成します。index.tsxに次のコードを記述しましょう。

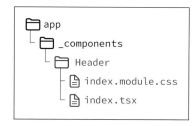

ディレクトリ構成図

リスト**3-4-1 _components/Header/index.tsx**

```tsx
import Image from "next/image";
import styles from "./index.module.css";

export default function Header() {
  return (
    <header className={styles.header}>
      <a href="/" className={styles.logoLink}>
        <Image
          src="/logo.svg"
          alt="SIMPLE"
          className={styles.logo}
          width={348}
          height={133}
          priority
        />
      </a>
    </header>
  );
}
```

index.module.cssにスタイルも設定します。

リスト**3-4-2** `app/_components/Header/index.module.css`

```css
.header {
  position: absolute;
  padding: 16px 24px 8px;
  z-index: 1000;
  display: flex;
  align-items: center;
  justify-content: space-between;
  width: 100%;
}

.logoLink {
  display: flex;
}
```

```css
}

.logo {
  height: 24px;
  width: auto;
}

@media (max-width: 640px) {
  .header {
    padding: 24px 16px 8px;
  }
}
```

共通のレイアウトを設定しよう

　Next.jsで共通のレイアウトを作成するには、app/layout.tsxを修正します。Next.jsのlayout.tsxからRootLayoutをexportすると、複数のページでスタイルやUIを共有できます。layout.tsxにHeaderコンポーネントをimportしてみましょう。不要な初期設定なども削除します。

リスト**3-4-3** `app/layout.tsx`

```tsx
import type { Metadata } from "next";          ─── 削除
import { Inter } from "next/font/google";       ─── 削除
import "./globals.css";
import Header from "./_components/Header";       ─── 追加


const inter = Inter({ subsets: ["latin"] })

export const metadata: Metadata = {              ─── 削除
  title: "Create Next App",
  description: "Generated by create next app",
};

export default function RootLayout({
  children,
}: Readonly<{
  children: React.ReactNode;
}>) {
  return (
    <html lang="en">
      <body className={inter.className}>{children}</body>   ─── 削除
    </html>
```

078

```
      <html lang="ja">
        <body>
          <Header />
          {children}
        </body>
      </html>
  );
}
```

追加

これですべてのページでSimpleのロゴが表示されるようになります（図3-4-1）。

図3-4-1　ヘッダーにロゴが表示される

同じ調子でフッター
も作ってみよう！

3-4-2 | フッターコンポーネントを作ろう

それではフッターもヘッダーと同様に作成してみましょう。以下のように、app/layout.tsxに
Footerコンポーネントをimportして利用します。

リスト**3-4-4 app/layout.tsx**
```
import "./globals.css";
import Header from "./_components/Header";
import Footer from "./_components/Footer"; ————[追加]

export default function RootLayout({
  children,
}: {
  children: React.ReactNode;
}) {
  return (
    <html lang="ja">
      <body>
        <Header />
        {children}
        <Footer /> ————[追加]
      </body>
    </html>
  );
}
```

コンポーネントを作成します。_componentsディレクトリ
配下にFooterディレクトリを作成し、その中にindex.tsxと
index.module.cssを作成します。index.tsxに次のコードを記
述してください。

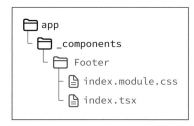

ディレクトリ構成図

リスト**3-4-5** **_components/Footer/index.tsx**

```tsx
import styles from "./index.module.css";

export default function Footer() {
  return (
    <footer className={styles.footer}>
      <nav className={styles.nav}>
        <ul className={styles.items}>
          <li className={styles.item}>
            <a href="/news">ニュース</a>
          </li>
          <li className={styles.item}>
            <a href="/members">メンバー</a>
          </li>
          <li className={styles.item}>
            <a href="/contact">お問い合わせ</a>
          </li>
        </ul>
      </nav>
      <p className={styles.cr}>© SIMPLE. All Rights Reserved 2024</p>
    </footer>
  );
}
```

index.module.cssにスタイルも追加します。

リスト**3-4-6** **_components/Footer/index.module.css**

```css
.footer {
  padding: 16px 24px;
  text-align: center;
  color: var(--color-text-sub);
  font-size: 0.8rem;
  margin-top: 80px;
}

.nav {
  margin-bottom: 16px;
}

.items {
  display: flex;
  justify-content: center;
  gap: 40px;
  font-size: 1rem;
  white-space: nowrap;
}

@media (max-width: 640px) {
  .items {
    flex-wrap: wrap;
    gap: 8px 0;
  }
  .item {
    width: 50%;
  }
}
```

図3-4-2のようにフッターが追加されていればOKです。また、リンク先はまだ未作成なので、正しくリンク遷移できなくても問題ありません。

図3-4-2　フッター

最後に、ここまでの作業内容をコミットし、GitHubにプッシュしましょう。VSCodeのターミナルで、下記コマンドを順に打ち込んでください。VSCodeのメニューから「ターミナル」>「ターミナルの分割」を選択し、分割されたターミナルでコマンドを実行すれば、サーバーを起動したまま作業することもできます。

```
git add .
git commit -m "3章まで完了"
git push origin main
```

次のURLのリンク先のリポジトリにも、ここまでのソースコードを置いているので、必要に応じてご活用ください。

URL ▶ https://github.com/nextjs-microcms-book/nextjs-website-sample/tree/chapter-3

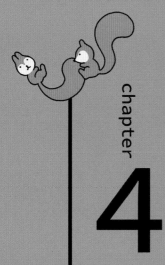

chapter

4

下層ページを
作ってみよう

第3章ではトップページの作成を通じて、Next.jsでの
ページ表示の仕方について学びました。第4章では、
新たにサイトのページを追加する方法を紹介します。
Webサイト制作をする上で重要なルーティングをどの
ようにNext.jsで実現するかを学びましょう。

SECTION 4-1 | ページを追加してみよう

Webサイトのページ遷移をするルーティングについて学びましょう。この節では、Next.jsでルーティングを実現する方法を解説します。

4-1-1 | ルーティングについて学ぼう

ユーザーがWebサイトにアクセスするためには、URL（Uniform Resource Locator）が必要です。URLは、インターネット上で特定のページを見つけるための「住所」のようなものです。日常生活でお店を見つけるために住所を参照するように、Web上で特定の場所を見つけるためにはURLが参照されます。

URLは「https://www.example.com/about」といった文字列で表現されますが、これは**プロトコル**、**ドメイン**、**パス**という要素に分類できます。

https://example.com/about
プロトコル　　　　　　ドメイン　　　　　　パス

図4-1-1　URLの構成要素

プロトコル

プロトコルとは、**情報をやり取りするルール**のことです。中でもhttpsのような形式を**HTTPSプロトコル**と呼びます。HTTPSプロトコルはWebサイト間でデータを安全に送受信するためのルールとして使われています。サイトをHTTPSプロトコル形式で公開する方法は、第8章で解説します。

ドメイン

ドメインは**Webサイトなどを特定・識別するための名前**のことです。現在作成しているサイトはまだ公開していないため、開発中のサーバーであるlocalhostがドメインにあたります。

現時点では「http://localhost:3000/」というURLでサイトを確認できます。ローカル開発中では、このようにlocalhostで手元のローカルサーバーを立ち上げています。

Vercelというプラットフォームを使うことで、簡単にhttps形式＋独自のドメインを取得し、実際にサイトを公開できます。これらの方法は第8章で解説します。

パス

最後に、パスは**Webサイト内の特定のページへのアクセス経路**を表すものです。

第3章では、page.tsxを編集してサイトのトップページにあたる**ルート**のページを作成しました。このようにNext.jsでは、「app/page.tsx」→「/（ルート）」のように作成したファイルに合わせてサイトを公開できます。

この章では、新たにmembersページを追加します。開発中のURLはhttp://localhost:3000/membersとなります。

このURLの中のmembersの部分がパスです。Next.jsではappディレクトリ配下にファイルを作成することで、パスを生成できます。

図**4-1-2** ルーティング

URLを生成し、/から/membersのようにページ遷移させることを**ルーティング**と呼びます。サイト内の各ページへの道筋をパスで示すイメージを持つとわかりやすいでしょう。

サイトを閲覧しているユーザーが、特定のページへ遷移するためにはルーティングが欠かせません。ユーザーがサイトを回遊しやすくするためには、ルーティングの導線をどのように配置するかも重要な要素です。Next.jsでどのようにルーティングをするのか、この章で学んでいきましょう。

4-1-2 | Next.jsでルーティングをしよう

それでは、実際にNext.jsで実際に新たにページを作成して、ルーティングをしてみましょう。まずは、http://localhost:3000/membersにアクセスができるようにします。

Next.jsでルーティングをするには、app配下に新たなディレクトリを作り、その中にファイルを配置します。ディレクトリを作る際は、ディレクトリ名にアンダースコアはつけないようにします。appディレクトリの配下にmembersディレクトリを作成し、その中にpage.tsxとpage.module.cssを作成します。そして、page.tsxに次のようにコードを記述しましょう。

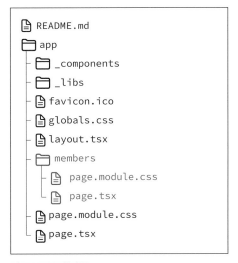

ディレクトリ構成図

```
export default function Page(){  ───── ルーティングするときはdefault exportする
  return (
    <div style={{ margin: 20 }}>
      <h1>メンバーページ</h1>
    </div>
  );
}
```

　ファイルを保存したら、ブラウザでhttp://localhost:3000/membersにアクセスしてみましょう。
図4-1-3のように、ページ上に「メンバーページ」というテキストが表示されます。このようにディ
レクトリやファイルを作って、URLのパスを作成することを**ファイルベースルーティング**と呼びます。

メンバーページ

ニュース　　メンバー　　お問い合わせ

© SIMPLE. All Rights Reserved 2023

図**4-1-3**　テキストが表示される

ヘッダーのロゴがテキストに重なっているけれど、とりあえずページが表示できていればOK！

ページ遷移をさせてみよう

この節では、トップページからメンバーページにアクセスできるようにしましょう。第3章で作成したヘッダーに、他のページのリンクを追加して、実際にページ遷移ができるようにします。

4-2-1 | リンクを追加しよう

4-1節では、/membersページを作成しました。この節では members ページに a タグで遷移するようにしてみましょう。まずはヘッダーに「メンバー」のリンクを追加します。_components/Header/index.tsx に次のコードを追加してください。

リスト**4-2-1** _components/Header/index.tsx

```tsx
import Image from "next/image";
import styles from "./index.module.css";

export default function Header() {
  return (
    <header className={styles.header}>
      <a href="/" className={styles.logoLink}>
        <Image
          src="/logo.svg"
          alt="SIMPLE"
          className={styles.logo}
          width={348}
          height={133}
          priority
        />
      </a>
      <nav>
        <ul className={styles.items}>
          <li>
            <a href="/members">メンバー</a>          追加
          </li>
        </ul>
      </nav>
    </header>
  );
}
```

続けて、_components/Header/index.module.cssにitemsのスタイルを追加します。

リスト**4-2-2** **_components/Header/index.module.css**

```
.logo {
  height: 24px;
  width: auto;
}

.items {
  display: flex;
  color: #fff;                 追加
  gap: 40px;
}

@media (max-width: 640px) {
```

それではブラウザで確認しましょう。ブラウザでhttp://localhost:3000/（トップページ）にアクセスしてください。ヘッダーに「メンバー」のリンクが追加されます（図4-2-1）。

図**4-2-1** 「メンバー」のリンク

「メンバー」をクリックして、先ほどのメンバー画面に遷移することを確認してみましょう。画面が遷移すると、ブラウザのアドレスバーに表示されているURLが http://localhost:3000/members と切り替わっているはずです。トップページに戻るためのページ遷移はまだないので（後ほど用意します）、アドレスバーに直接、http://localhost:3000 とURLを入力するとトップページに戻ります。

4-2-2 | Next.jsの機能でリンク遷移をしよう

先ほどまでは、通常のaタグでページ遷移をしましたが、Next.jsでは**next/link**という機能を利用してページ遷移ができます。

next/linkの基本的な使い方はaタグと同じです。遷移したいパスをhrefに設定することで、ページ遷移ができます。aタグの部分をLinkに書き換えてみましょう。

リスト**4-2-3　app/_components/Header/index.tsx**

```tsx
import Image from "next/image";
import Link from "next/link";          ——— 追加
import styles from "./index.module.css";

export default function Header() {
  return (
    <header className={styles.header}>
      <Link href="/" className={styles.logoLink}>   ——— aタグからLinkタグに修正
        <Image
          src="/logo.svg"
          alt="SIMPLE"
          className={styles.logo}
          width={348}
          height={133}
          priority
        />
      </Link>          ——— aタグからLinkタグに修正
      <nav>
        <ul className={styles.items}>
          <li>
            <Link href="/members">メンバー</Link>   ——— aタグからLinkタグに修正
          </li>
        </ul>
      </nav>
    </header>
  );
}
```

ブラウザでhttp://localhost:3000/にアクセスしてから、「メンバー」のリンクをクリックするとURLがhttp://localhost:3000/membersに切り替われば正しく動作しています。

next/linkはHTMLのaタグを拡張した機能です。next/linkを使用することでページ遷移時のパフォーマンスを向上させることができます。Webサイト内のリンクにはnext/linkを使用することが推奨されています（※4-1）。

※4-1　より詳しい使用方法やパフォーマンス向上の仕組みを知りたい方は、下記のURLからドキュメントをご覧ください。しかしこれらの内部的な仕組みを完全に理解できなくても、基本的なWebサイトを作る上では問題ありません。
https://nextjs.org/docs/app/building-your-application/routing/linking-and-navigating#2-prefetching

4-2-3 │ Not Found ページを作ろう

　第4章の後半では、next/linkを使って、Newsの詳細ページのリンクを作成します。トップページのNewsをクリックすると、ニュースの内容が書かれた詳細ページに遷移できるようにします。

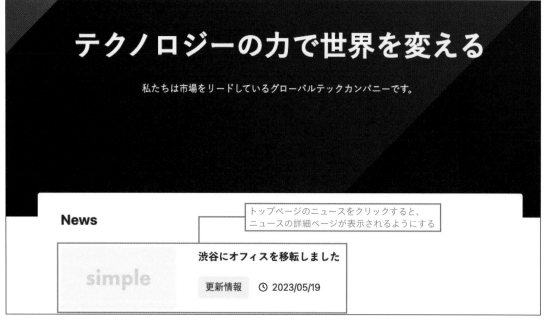

図4-2-2　ニュースの詳細ページへの遷移

　しかし、現時点でニュース詳細ページはまだ作成していません。そこで、まずは**存在しないURLにユーザーがアクセスした場合に表示するNot Foundページ**を作成します。第3章で作成したNewsListのコンポーネントをdivタグからnext/linkに変更します。

リスト**4-2-4　_components/NewsList/index.tsx**

```tsx
import Image from "next/image";
import Link from "next/link"; ——— 追加


import styles from "./index.module.css";

(省略)

export default function NewsList({ news }: Props) {
  if (news.length === 0) {
    return <p>記事がありません。</p>;
  }
  return (
    <ul>
      {news.map((article) => (
        <li key={article.id} className={styles.list}>
          <Link href={`/news/${article.id}`} className={styles.link}>
            <Image
              className={styles.image}
```

divタグをLinkタグに修正

```
              src="/no-image.png"
              alt="No Image"
              width={1200}
              height={630}
            />
            <dl className={styles.content}>
              <dt className={styles.title}>{article.title}</dt>
              <dd className={styles.meta}>
                <Category category={article.category} />
                <Date date={article.publishedAt} />
              </dd>
            </dl>
          </Link> ──────[ divタグをLinkタグに修正 ]
        </li>
      ))}
    </ul>
  );
}
```

　hrefに指定した/news/${article.id}のような値は、JavaScriptのテンプレートリテラルという構文です。article.idのような定数や、式などを埋め込むことができます。このリンクはnewsのidが1の場合、http://localhost:3000/news/1のようなURLに遷移します。

　それでは実際にトップページでニュースをクリックしてみましょう。app/news/ディレクトリがないため、ルーティングが設定されず、「ページが存在しません」というエラーが表示されます（図4-2-3）。

　このように、ユーザーが存在しないURLにアクセスしてしまった場合に備えて、エラーとともに適切なメッセージを表示する必要があります。Next.jsでは組み込みの機能を使用して、not-found.tsx（※4-2）というファイルをappディレクトリに作成すれば、存在しないURLにアクセスした際に自動的に遷移するエラーページを作成できます。

　not-found.tsx と not-found.module.css をappディレクトリ配下に作成しましょう。

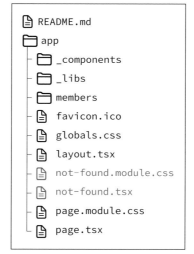

404 │ This page could not be found.

図4-2-3　エラーが表示される

```
📄 README.md
📁 app
  ├ 📁 _components
  ├ 📁 _libs
  ├ 📁 members
  ├ 📄 favicon.ico
  ├ 📄 globals.css
  ├ 📄 layout.tsx
  ├ 📄 not-found.module.css
  ├ 📄 not-found.tsx
  ├ 📄 page.module.css
  └ 📄 page.tsx
```

ディレクトリ構成図

※4-2　not-found.tsxというファイル名で作成することに注意してください。Next.jsではこのようにファイル名が機能の役割を示すことがあります。https://nextjs.org/docs/app/api-reference/file-conventions/not-found

not-found.tsxに次のコードを記述しましょう。

リスト**4-2-5 app/not-found.tsx**

```tsx
import styles from "./not-found.module.css";

export default function NotFound() {
  return (
    <div className={styles.container}>
      <dl>
        <dt className={styles.title}>ページが見つかりませんでした</dt>
        <dd className={styles.text}>
          あなたがアクセスしようとしたページは存在しません。
          <br />
          URLを再度ご確認ください。
        </dd>
      </dl>
    </div>
  );
}
```

ページのスタイルも設定しましょう。not-found.module.cssに、次のスタイルを記述します。

リスト**4-2-6 app/not-found.module.css**

```css
.title {
  font-size: 2rem;
  text-align: center;
  font-weight: bold;
  font-family: 'system-ui,↵
"Segoe UI",Roboto,Helvetica,↵
Arial,sans-serif';
  margin-bottom: 24px;
}

.text {
  font-size: 1rem;
  text-align: center;
}

.container {
  position: relative;
  background-color: #fff;
  width: 840px;
  margin: -40px auto 0;
  padding: 160px 80px;
  border-radius: var(--border-↵
radius);
}
```

メディアクエリによるレスポンシブ対応のコードは省略します。リスト4-2-6で省略された部分は下記URLからGitHubのリポジトリを参照して差分を追加してください。

URL https://github.com/nextjs-microcms-book/nextjs-website-sample/blob/chapter-4/app/not-found.module.css

先ほどと同様に、トップページでニュースをクリックしてみましょう（http://localhost:3000/news/1に直接アクセスしても構いません）。図4-2-4のようにNot Foundページが表示されれば正しく動作しています。

ページが見つかりませんでした

あなたがアクセスしようとしたページは存在しません。
URLを再度ご確認ください。

ニュース　　メンバー　　お問い合わせ

© SIMPLE. All Rights Reserved 2023

図**4-2-4**　エラーページ

4-2-4 | 導線を整えよう

　この節の最後に、トップページのルーティングの導線を作成します。ヘッダーに「メンバー」以外のリンク「ニュース」「お問い合わせ」を作成します。

図**4-2-5**　ヘッダーにリンクを追加する

　それではヘッダーに情報を追加してみましょう。ヘッダーコンポーネントのリストに項目を追加します。遷移先のページはニュースの一覧ページは第6章、お問い合わせページは第9章でそれぞれで作成していきます。

リスト**4-2-7 app/_components/Header/index.tsx**

```tsx
export default function Header() {
  return (
    <header className={styles.header}>
      <Link href="/" className={styles.logoLink}>

      （省略）

      </Link>
      <nav className={styles.nav}> ────[修正]
        <ul className={styles.items}>
          <li> ─────
            <Link href="/news">ニュース</Link>    [追加]
          </li> ─────
          <li>
            <Link href="/members">メンバー</Link>
          </li>
```

（次ページへ続く）

```
      <li>
        <Link href="/contact">お問い合わせ</Link>          ┄┄┄ 追加
      </li>
    </ul>
  </nav>
  </header>
 );
}
```

　コードを記入したらヘッダーの「ニュース」リンクをクリックして、URLが遷移することを確認しましょう（クリックをするとhttp://localhost:3000/newsにページ遷移します）。ニュースの一覧ページはまだ作成していないので、Not Foundページに遷移できれば正しく動作しています。

　このように、本書で作成するサンプルサイトでは、

> ・ヘッダーには、全ページのリンクを表示することでサイト全体に遷移しやすくする
> ・トップニュースを配置し、ニュースページに誘導する

といったルーティングの工夫を施し、トップページを起点にサイトを回遊しやすくしています。フッターのページ遷移も修正してみましょう。_components/Footer/index.tsxのaタグをnext/linkに修正します。

リスト4-2-8　_components/Footer/index.tsx※

```
import Link from 'next/link';          ┄┄ 先頭に追加
import styles from './index.module.css';

export default function Footer() {
  return (
    <footer className={styles.footer}>
      <nav className={styles.nav}>
        <ul className={styles.items}>
          <li className={styles.item}>
            <Link href="/news">ニュース</Link>          ┄┄ 修正
          </li>
          <li className={styles.item}>
            <Link href="/members">メンバー</Link>          ┄┄ 修正
          </li>
          <li className={styles.item}>
            <Link href="/contact">お問い合わせ</Link>          ┄┄ 修正
          </li>
        </ul>
      </nav>
      <p className={styles.cr}>© SIMPLE. All Rights Reserved 2024</p>
    </footer>
  );
}
```

　これでトップページの導線を整えることができました。

SECTION 4-3 | メンバーページを 作ってみよう

前節で作成したリンクを用意したメンバーページの中身を作り込んでいきます。

図**4-3-1** この節の完成イメージ

4-3-1 | メンバー一覧を表示しよう

　それでは、メンバーの一覧を表示してみましょう。配列でメンバー一覧の配列データを作成します。次のようにapp/members/page.tsxを修正し、配列のデータを作成しましょう。

リスト**4-3-1** app/members/page.tsx

```
const data = {
  contents: [
    {
      id: "1",
      image: {
        url: "/img-member1.jpg",
        width: 240,
        height: 240,
      },
      name: "デイビッド・チャン",
```

ファイルの先頭に追加

（次ページへ続く）

```
        position: "CEO",
        profile:
          "グローバルテクノロジー企業での豊富な経験を持つリーダー。以前は大手ソフト↵
ウェア企業の上級幹部として勤務し、新市場進出や収益成長に成功。自身の経験と洞察力によ↵
り、業界のトレンドを見極めて戦略的な方針を策定し、会社の成長を牽引している。",
      },
      {
        id: "2",
        image: {
          url: "/img-member2.jpg",
          width: 240,
          height: 240,
        },
        name: "エミリー・サンダース",
        position: "COO",
        profile:
          "グローバル企業での運営管理と組織改革の経験豊富なエグゼクティブ。以前は製↵
造業界でCOOとして勤務し、生産効率の向上や品質管理の最適化に成功。戦略的なマインドセ↵
ットと組織の能力強化に対する専門知識は、会社の成長と効率化に大きく貢献している。",
      },
      {
        id: "3",
        image: {
          url: "/img-member3.jpg",
          width: 240,
          height: 240,
        },
        name: "ジョン・ウィルソン",
        position: "CTO",
        profile:
          "先進技術の研究開発と製品イノベーションの分野で優れた経歴を持つテクノロジ↵
ーエキスパート。以前は、大手テクノロジー企業の研究開発部門で主任エンジニアとして勤務↵
し、革新的な製品の開発に携わった。最新の技術トレンドに精通し、当社の製品ポートフォリ↵
オを革新的かつ競争力のあるものにするためにリサーチと開発をリードしている。",
      },
    ],
};
```

ファイルの先頭に追加

```
export default function Page() {

  (省略)

}
```

　この配列データを元に、メンバーを表示してみましょう。app/members/page.tsx に次の内容を追加します。

```tsx
import Image from "next/image";  ────────┐
import styles from "./page.module.css";  ┘── 先頭に追加

const data = {

  （省略）

}


export default function Page() {
  return (
    <div style={{ margin: 20 }}>  ────────┐
      <h1>メンバーページ</h1>              ├── 削除
    </div>  ────────────────────────────┘
    <div className={styles.container}>  ────────┐
      {data.contents.length === 0 ? (          │
        <p className={styles.empty}>メンバーが登録されていません。</p>
      ) : (
        <ul>
          {data.contents.map((member) => (
            <li key={member.id} className={styles.list}>
              <Image
                src={member.image.url}
                alt=""
                width={member.image.width}
                height={member.image.height}
                className={styles.image}            ├── 追加
              />
              <dl>
                <dt className={styles.name}>{member.name}</dt>
                <dd className={styles.position}>{member.position}</dd>
                <dd className={styles.profile}>{member.profile}</dd>
              </dl>
            </li>
          ))}
        </ul>
      )}
    </div>  ────────────────────────────────────┘
  );
}
```

chapter
4
下層ページを作ってみよう

　このコードでは、次のようにメンバーのデータが登録されていない場合の処理を「三項演算子」を使って記述しています。

```tsx
{data.contents.length === 0 ? (
  <p className={styles.empty}>メンバーが登録されていません。</p>
) : (
```

JSXでの三項演算子

JSXでは三項演算子が使われやすいので、覚えておきましょう。機能はif文と同じです。JSXの{} 内の処理では、値を返す必要があるので、三項演算子で値の出し分けをすることが多いです。

URL https://developer.mozilla.org/ja/docs/Web/JavaScript/Reference/
Operators/Conditional_operator

本書では、if文はコンポーネント全体で全く異なる値を返すときなどに使っています（当書籍では NewsListなどで使われています）。

```
export default function NewsList({ news }: Props) {
  if (news.length === 0) {
    return <p>記事がありません。</p>;
  }
```

スタイルも追加します。membersディレクトリの中のpage.module.cssに、次のスタイルを記述 します。

リスト**4-3-3** app/members/page.module.css

```css
.text {
  text-align: center;
  margin-bottom: 40px;
}

.list {
  display: flex;
  align-items: flex-start;
  gap: 40px;
  margin-bottom: 80px;
}

.list:nth-child(even) {
  flex-direction: row-reverse;
}

.image {
  width: 240px;
  height: auto;
  border-radius: var(--border-↵
radius);
}

.name {
  font-size: 1.2rem;
  font-weight: bold;
}
```

```css
.position {
  margin-bottom: 8px;
}

.profile {
  font-size: 0.9rem;
}

.footer {
  display: flex;
  flex-direction: column;
  align-items: center;
  border-top: 1px solid var↵
(--color-border);
  padding-top: 40px;
  text-align: center;
  gap: 24px;
}

.message {
  font-size: 2rem;
  font-weight: bold;
}

.empty {
  margin-bottom: 40px;
}
```

メンバーページにアクセスして確かめてみましょう。ブラウザでhttp://localhost:3000/members にアクセスし、図4-3-2のように表示されていれば正しく動作しています。

デイビッド・チャン

CEO

グローバルテクノロジー企業での豊富な経験を持つリーダー。以前は大手ソフトウェア企業の上級幹部として勤務し、新市場進出や収益成長に成功。自身の経験と洞察力により、業界のトレンドを見極めて戦略的な方針を策定し、会社の成長を牽引している。

エミリー・サンダース

COO

グローバル企業での運営管理と組織改革の経験豊富なエグゼクティブ。以前は製造業界でCOOとして勤務し、生産効率の向上や品質管理の最適化に成功。戦略的なマインドセットと組織の能力強化に対する専門知識は、会社の成長と効率化に大きく貢献している。

ジョン・ウィルソン

CTO

先進技術の研究開発と製品イノベーションの分野で優れた経歴を持つテクノロジーエキスパート。以前は、大手テクノロジー企業の研究開発部門で主任エンジニアとして勤務し、革新的な製品の開発に携わった。最新の技術トレンドに精通し、当社の製品ポートフォリオを革新的かつ競争力のあるものにするためにリサーチと開発をリードしている。

図**4-3-2**　メンバーの情報が表示される

4-3-2 | レイアウトを整えよう

メンバー一覧が表示できました。しかし、現時点ではメンバーのプロフィール情報が画面幅いっぱいに広がっています。また、トップページとのデザインの統一感もありません。節冒頭の完成イメージに近づくようにレイアウトを整えましょう。

Next.jsでは、ページ間で共通のレイアウトを、layout.tsxというファイルで定義できます。

第3章では、サイト全体のレイアウトを定義しました。サイト全体で共通のレイアウトはapp配下にapp/layout.tsxのファイルを配置することで設定できます。加えて、Next.jsではページごとのレイアウトを定義できます。この機能はNesting-layoutsと呼ばれています。

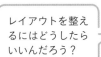

レイアウトを整えるにはどうしたらいいんだろう？

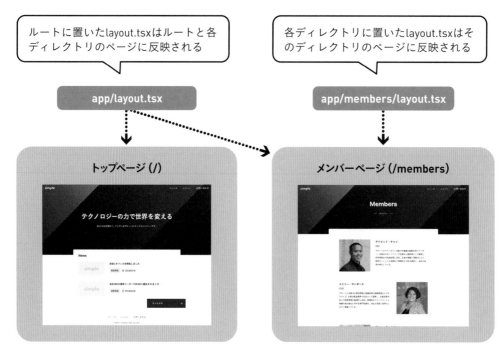

ルートに置いたlayout.tsxはルートと各ディレクトリのページに反映される

各ディレクトリに置いたlayout.tsxはそのディレクトリのページに反映される

app/layout.tsx

app/members/layout.tsx

トップページ (/)

メンバーページ (/members)

図4-3-3 Nesting-layouts

　本書で作成するサイトは、トップページと他のページのレイアウトの間に、共通点と相違点があります。このように、ページごとに細かな差異があるレイアウトを作る場合は、Nesting Layoutを使用すると便利です。membersディレクトリの中にlayout.tsxファイルを新たに作成して、次のようにコードを記入します。

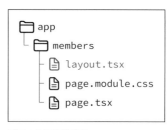

ディレクトリ構成図

リスト4-3-4 app/members/layout.tsx

```tsx
import styles from "./page.module.css";

type Props = {
  children: React.ReactNode;
};

export default function RootLayout({ children }: Props) {
  return (
    <>
      <div className={styles.container}>{children}</div>
    </>
  );
}
```

　サイト全体で共通するレイアウトは、コンポーネント化して他のページのレイアウトでも再利用できるようにしておくと便利です。Sheetというレイアウト用のコンポーネントを作成します。_componentsディレクトリの配下に、Sheetディレクトリを作成します。その中にindex.tsxとindex.module.cssを

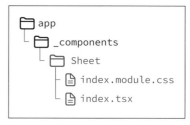

ディレクトリ構成図

作成します。index.tsxに次のコードを記述しましょう。

リスト**4-3-5　_components/Sheet/index.tsx**

```
import styles from "./index.module.css";

type Props = {
  children: React.ReactNode;
};

export default function Sheet({ children }: Props) {
  return <div className={styles.container}>{children}</div>;
}
```

　スタイルも追加します。index.module.cssに、次のスタイルを記述しましょう。

リスト**4-3-6　_components/Sheet/index.module.css**

```
.container {
  position: relative;
  background-color: #fff;
  width: 840px;
  margin: -40px auto 0;
  padding: 80px;
  border-radius: 8px;
}
```

　作成したSheetコンポーネントをlayoutで使用してみましょう。app/members/layout.tsx を次のように修正します。React.ReactNode型なので、childrenを受け取るように使用します。

リスト**4-3-7　app/members/layout.tsx**

```
import styles from "./page.module.css"; ──────── 削除
import Sheet from "@/app/_components/Sheet"; ──── 追加

type Props = {
  children: React.ReactNode;
};

export default function RootLayout({ children }: Props) {
  return (
    <>
      <div className={styles.container}>{children}</div>
    </>
  );
  return <Sheet>{children}</Sheet>; ──────── 追加
}
```

　図4-3-4のようにメンバー情報が綺麗にレイアウトされていればOKです。

デイビッド・チャン

CEO

グローバルテクノロジー企業での豊富な経験を持つリーダー。以前は大手ソフトウェア企業の上級幹部として勤務し、新市場進出や収益成長に成功。自身の経験と洞察力により、業界のトレンドを見極めて戦略的な方針を策定し、会社の成長を牽引している。

エミリー・サンダース

COO

グローバル企業での運営管理と組織改革の経験豊富なエグゼクティブ。以前は製造業界でCOOとして勤務し、生産効率の向上や品質管理の最適化に成功。戦略的なマインドセットと組織の能力強化に対する専門知識は、会社の成長と効率化に大きく貢献している。

ジョン・ウィルソン

CTO

先進技術の研究開発と製品イノベーションの分野で優れた経歴を持つテクノロジーエキスパート。以前は、大手テクノロジー企業の研究開発部門で主任エンジニアとして勤務し、革新的な製品の開発に携わった。最新の技術トレンドに精通し、当社の製品ポートフォリオを革新的かつ競争力のあるものにするためにリサーチと開発をリードしている。

図4-3-4　レイアウトが整理される

余白（レイアウト）を共通化する

作成したSheetコンポーネントは具体的なButtonのような部品ではありません。最終的に以下のような各ページのメインコンテンツの横の余白を担っています。

図4-3-A　メインコンテンツの横の余白

基本的にWebサイトは次の要素で成り立っています。

- ボタンのようなUIのパーツ
- それらを配置するレイアウトや余白

作成したSheetコンポーネントは、このうちの後者にあたります。このような余白もWebサイトを構成する部品の1つと捉え、画面全体の余白の統一感を出すためにレイアウトの役割をコンポーネント化しています。

4-3-3 | コンポーネントを共通化しよう

最後に、全体のレイアウトをトップページに合わせて整えてみましょう。

Heroコンポーネントを作成する

Heroコンポーネントとは、サイトのトップに位置するようなメインコンテンツのコンポーネントを指します（図4-3-5）。本書で作成しているコーポレートサイトはこのサイトトップの見た目が各ページで共通の見た目となっています。

図4-3-5　Heroコンポーネント

Heroコンポーネントを作成すると、サイト全体の統一感を出すことができます。_componentsディレクトリの配下にHeroディレクトリを作成し、その中にindex.tsxとindex.module.cssを作成します。index.tsxに、次のように内容を記述します。

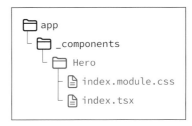

ディレクトリ構成図

リスト**4-3-8** app/_components/Hero/index.tsx

```
import Image from "next/image";
import styles from "./index.module.css";

type Props = {
  title: string;
  sub: string;
};

export default function Hero({ title, sub }: Props) {
  return (
    <section className={styles.container}>
      <div>
        <h1 className={styles.title}>{title}</h1>
        <p className={styles.sub}>{sub}</p>
      </div>
      <Image
        className={styles.bgimg}
        src="/img-mv.jpg"
        alt=""
        width={4000}
        height={1200}
      />
    </section>
  );
}
```

　こちらのコードは第3章で作成したapp/page.tsxの該当部分を抜き出し、コンポーネント化したものです。

　スタイルも追加します。Heroディレクトリの中のindex.module.cssに、次のスタイルを記述します。

リスト**4-3-9** app/_components/Hero/index.module.css

```
.container {
  position: relative;
  display: flex;
  align-items: center;
  justify-content: center;
  background-color: rgba(0, 0, ↵
0, 0.5);
  color: #fff;
  overflow: hidden;
  padding: 100px 0;
}

.title {
```
```
  font-size: 3rem;
  font-weight: bold;
  text-align: center;
  margin-bottom: 1rem;
}

.sub {
  display: flex;
  align-items: center;
  gap: 20px;
  margin-bottom: 40px;
  justify-content: center;
}
```

```
.sub::before {
  content: "";
  display: block;
  height: 1px;
  width: 20px;
  background-color: var(--color↵
-text-unpainted);
}

.sub::after {
  content: "";
  display: block;
  height: 1px;
  width: 20px;
  background-color: var(--color-↵
```

```
text-unpainted);
}

.bgimg {
  position: absolute;
  top: 0;
  right: 0;
  height: 600px;
  width: 100%;
  object-fit: cover;
  object-position: right;
  display: flex;
  align-items: center;
  justify-content: center;
  z-index: -1;
}
```

Heroコンポーネントをメンバーページのレイアウトに設定してみましょう。app/members/layout.tsxを次のように修正します。

リスト4-3-10　app/members/layout.tsx

```
import Sheet from "@/app/_components/Sheet";
import Hero from "@/app/_components/Hero"; ——— 追加

type Props = {
  children: React.ReactNode;
};

export default function RootLayout({ children }: Props) {
  return ( ——— 丸かっこを追加
    <> ———
      <Hero title="Members" sub="メンバー" /> ——— 追加
      <Sheet>{children}</Sheet>
    </> ——— 追加
  ); ——— 丸かっこを追加
}
```

ここまでの作業が完了したら、ブラウザで画面を確認してみましょう。節冒頭の完成イメージのように表示されていれば正しく動作しています。

4-3-4 | コンポーネントを作成するポイント

第3〜4章を通じて、ページを構成するコンポーネントを作成しました。構成要素をコンポーネントにすべきかどうかは、どのように判断すればよいのでしょうか。コンポーネント化を検討すべきいくつかのタイミングについて紹介します。

サイト全体の統一感を出したいとき

今回のようにHeroコンポーネントをあらかじめ作成しておくと、トップページ以外のページを作成する際にも、そのコンポーネントを再利用できます（図4-3-6）。再利用することで、**サイト全体の統一感が生まれるとともに、複数のページの修正・追加・メンテナンスが容易になります。**

また第3章で作成したButtonLinkのようにサイト全体で用いる見た目のパーツは、コンポーネント化すると便利です。

図4-3-6　Heroコンポーネントを修正するとサイト全体に適用される

ロジック（処理）が複雑になってきたとき

サイト全体で一度しか使われなくても、コンポーネントを作成するケースは存在します。第3章のNewsListの例はその1つです。**コードの量が増えてきた場合、コンポーネントに分けることで複雑な処理を整理できます。**

1つのpage.tsxファイルやコンポーネントに多くの処理を含めてしまうと、バグの原因になったり、コードの見通しが悪くなったりしてしまいます。

このようにコンポーネントの作成は、いくつかの要素を考慮して判断することが必要です。本書の例がすべてのサイト制作において正しく当てはまるとは限りません。それぞれのプロダクトやメンバーに応じて、適切なコンポーネントの設計方法を考えることが必要です。

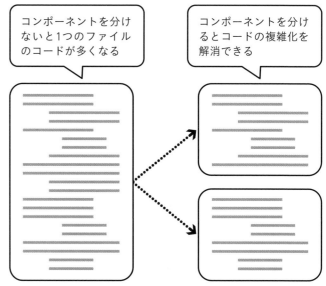

図4-3-7　コードの複雑化を解消するコンポーネント化

SECTION 4-4 | ハンバーガーメニューを作ってみよう

ヘッダー部分のレスポンシブ対応をします。ハンバーガーメニューの作成を通じて Next.js で動きのある UI を作る方法を学んでいきましょう。

この章の最後にヘッダー部分の調整を行います。現状、ヘッダーの実装では、スマホなどのレスポンシブ対応ができていません。図4-4-1のようにヘッダーの文字が横に折り返しています。これを解決するために、図4-4-2のような**ハンバーガーメニュー**と呼ばれる UI を作りましょう。

図 4-4-1　現在のヘッダー

図 4-4-2　ハンバーガーメニュー

4-4-1 | Menu コンポーネントを作ろう

4-3-4項で述べた通り、ロジックが増えるときはコンポーネント化を検討すべきタイミングです。該当のヘッダーのメニュー部分を Menu コンポーネントに分けてみましょう。_components ディレクトリの配下に Menu ディレクトリを作成し、その中に index.tsx と index.module.css を作成します。index.tsx に次のコードを記述しましょう。

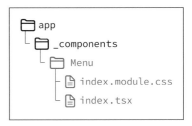

ディレクトリ構成図

リスト**4-4-1** app/_components/Menu/index.tsx

```tsx
import Link from "next/link";
import styles from "./index.module.css";

export default function Menu() {
  return (
    <nav className={styles.nav}>
      <ul className={styles.items}>
        <li>
          <Link href="/news">ニュース</Link>
        </li>
        <li>
          <Link href="/members">メンバー</Link>
        </li>
        <li>
          <Link href="/contact">お問い合わせ</Link>
        </li>
      </ul>
    </nav>
  );
}
```

スタイルも追加します。Menuディレクトリのindex.module.cssに、次のスタイルを記述します。

リスト**4-4-2** app/_components/Menu/index.module.css

```css
.items {
  display: flex;
  color: #fff;
  gap: 40px;
}
```

HeaderコンポーネントにMenuコンポーネントをimportして利用します。Headerディレクトリ配下のindex.tsxを開きます。nav要素をすべて削除し、Menuコンポーネントを記述します。

リスト**4-4-3** app/_components/Header/index.tsx

```tsx
import Image from "next/image";
import Link from "next/link";
import styles from "./index.module.css";
import Menu from "../Menu"; ────[追加]

export default function Header() {
  return (
    <header className={styles.header}>
      <Link href="/" className={styles.logoLink}>
        <Image
          src="/logo.svg"
          alt="SIMPLE"
          className={styles.logo}
```

```
          width={348}
          height={133}
          priority
        />
      </Link>
      <Menu />  ————[<nav>タグを削除して追加]
    </header>
  );
}
```

トップページ（http://localhost:3000/）でメニューが正しく表示されていればOKです（図4-4-3）。88ページで_components/Header/index.module.cssに追加した、itemsのスタイルは削除しておきましょう。

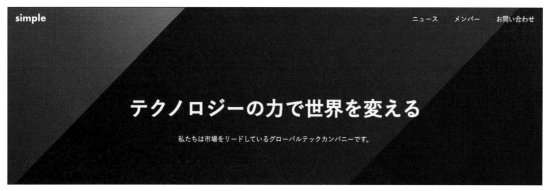

図**4-4-3** メニューが表示される

ここからハンバーガーメニューの実装に入ります。ハンバーガーメニューのボタンをMenuコンポーネントに追加します。

リスト**4-4-4** app/_components/Menu/index.tsx
```
import Link from "next/link";
import Image from "next/image";  ————[追加]
import styles from "./index.module.css";

export default function Menu() {
  return (
    <div>  ————[追加]
      <nav className={styles.nav}>
        <ul className={styles.items}>
          <li>
            <Link href="/news">ニュース</Link>
          </li>
          <li>
            <Link href="/members">メンバー</Link>
          </li>
          <li>
            <Link href="/contact">お問い合わせ</Link>
```

（次ページへ続く）

```
            </li>
          </ul>
        </nav>
        <button className={styles.button}>
          <Image src="/menu.svg" alt="メニュー" width={24} ⏎
height={24}/>
        </button>
      </div>
  );
}
```
                                                    追加

　デバイスの幅によって、「ハンバーガーメニューの表示」と「横並びのメニューの表示」を切り替えられるようにCSSを書きます。CSSのmediaクエリを使って調整してみましょう。640px以上の場合はハンバーガーメニューを非表示にし、640px以下の場合はヘッダーメニューを非表示にするように調整しています。

リスト4-4-5　app/_components/Menu/index.modules.css
```
.items {
  display: flex;
  color: #fff;
  gap: 40px;
}

.button {
  display: none;
}

@media (max-width: 640px) {
```
                        追加
```
.nav {
  display: none;
}

.button {
  display: flex;
  background: none;
  border: none;
  cursor: pointer;
}
}
```
                                  追加

　ブラウザのウィンドウのサイズを変更して、表示が切り替わるか確認してみましょう。通常のデバイス幅の場合はメニューが表示され、幅が狭い場合はハンバーガーメニューが表示されていればOKです。
　現時点では、ハンバーガーメニューのアイコンをクリックしても何も起きません。次はクリックしたらメニューが表示されるように処理を追加していきましょう。

4-4-2 | Webサイトに動きをつけよう

　ハンバーガーメニューをクリックしたら、メニューが実際に表示されるようにしてみましょう。今回の要件としては、ハンバーガーメニューをクリックしたら、メニューに画面全体を覆うようなスタイルを持ったクラスを付与してあげると条件が満たせそうです（図4-4-4）。

図**4-4-4** メニュークリック後の画面の完成イメージ

　以下のようなスタイルを追加してみましょう。

リスト**4-4-6** app/_components/Menu/index.modules.css

```
.items {
  display: flex;
  color: #fff;
  gap: 40px;
}

.button {
  display: none;
}

@media (max-width: 640px) {
  .nav {
    display: none;
  }

  .nav.open {
    display: block;
    position: fixed;
    top: 0;
    left: 0;
    right: 0;
    bottom: 0;
    background-color: ↵
var(--color-bg-painted);
    color: ↵
var(--color-text-unpainted);
    padding: 24px 16px;
  }

  .items {
    flex-direction: column;
    gap: 24px;
  }

  .button {
    display: flex;
    background: none;
    border: none;
    cursor: pointer;
  }
}
```

ボタンがクリックされたら、このクラスが追加されるようにしてみます。先頭のuse clientについては後ほど解説します。この段階ではJavaScriptを実行するためのおまじないだと思ってください。

リスト4-4-7　app/_components/Menu/index.tsx

```
"use client";  ──────[追加]

import Link from "next/link";
import Image from "next/image";
import styles from "./index.module.css";

export default function Menu() {
  const open = () => {  ────────────────────┐
    document.querySelector("nav")?.classList.add(styles.open);  ─[追加]
  };  ──────────────────────────────────┘
  return (
    <div>
      <nav className={styles.nav}>
        <ul className={styles.items}>
          <li>
            <Link href="/news">ニュース</Link>
          </li>
          <li>
            <Link href="/members">メンバー</Link>
          </li>
          <li>
            <Link href="/contact">お問い合わせ</Link>
          </li>
        </ul>
      </nav>
      <button className={styles.button} onClick={open}>  ───[修正]
        <Image src="/menu.svg" alt="メニュー" width={24} height={24} />
      </button>
    </div>
  );
}
```

　ハンバーガーメニューをクリックし、図4-4-4のようなメニューが表示されればOKです。

実は、先ほどのコードにはいくつかの問題点があります。問題点を抜粋します。

```
const open = () => {
    document.querySelector("nav")?.classList.add(styles.open);
};
```

上記のコードでは、document.querySelector("nav")というように、HTML要素を直接JavaScriptで操作しています。nav要素を他のHTML要素に変更した場合、正常に動作しません。

また、このHTMLの表示がサイト読み込みの通信タイミングなどによって遅れてしまった場合も、上記のコードは正常に動作しません。

このような問題を解決するために、Reactでは状態（state）を用いて、ブラウザのメモリに値を保存することによって最適にHTMLを描画できます。

先ほどのコードをReactで書き換えてみましょう。処理の大まかな流れは図4-4-5のようになります。 1 ユーザーのクリックイベント→ 2 state（状態）の更新→ 3 クラスの追加による見た目の変更→ 4 メニューの切り替え、という処理の流れになります。

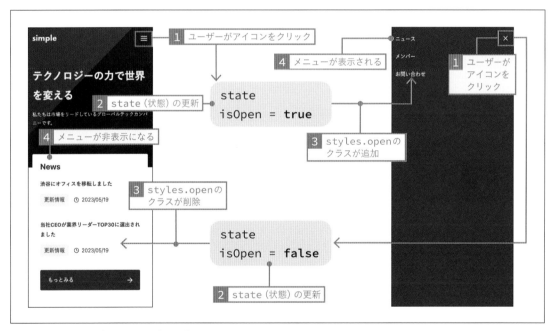

図4-4-5　ハンバーガーメニューの処理の流れ

特定のstateに応じてスタイルを切り替える方法にはさまざまな種類がありますが、本書ではclassnamesというパッケージを使った方法を紹介します。

まず、VSCodeのメニューから「ターミナル」>「ターミナルの分割」を選択します。分割されたターミナルで作業をすることで、開発サーバーを起動したままインストールできます。ターミナルで次のコマンドを実行してclassnamesをインストールしてください。

```
npm install classnames
```

そして、app/_components/Menu/index.tsxを次のように書き換えてみましょう。

リスト **4-4-8** app/_components/Menu/index.tsx

```
"use client";

import Link from "next/link";
import Image from "next/image";
import { useState } from "react";       ─┐
import cx from "classnames";            ─┴─ 追加
import styles from "./index.module.css";

export default function Menu() {
  const open = () => {                                               ─┐
    document?.querySelector("nav")?.classList.add(styles.open);      ─┼─ 削除
  };                                                                 ─┘
  const [isOpen, setOpen] = useState<boolean>(false);    ─┐
  const open = () => setOpen(true);                      ─┴─ 追加

  return (
    <div>
      <nav className={cx(styles.nav, isOpen && styles.open)}>   ─── 修正
        <ul className={styles.items}>
```

useStateは次のように利用します。

```
const [isOpen, setOpen] = useState<boolean>(false);
```

useStateは2つの機能を持っています。

- **isOpen(1つ目の値)**……… **状態の変数。ここでの初期値はfalse**
- **setOpen(2つ目の値)**…… **状態の変数を設定する関数（セッターと呼ぶ）**

open関数では状態(isOpen)をtrueに更新して保存しています。

```
const open = () => setOpen(true);
```

open関数の実行結果を受けて、isOpenの状態がtrueになった場合のみ、クラスを適用するようにしています。

```
<nav className={cx(styles.nav, isOpen && styles.open)}>
```

先ほどと同じように、ハンバーガーメニューをクリックして、メニューが開けばOKです。

次に、メニューを閉じる処理を実装しましょう。閉じるボタンを追加して、先ほどとは逆にfalseを
セッターで更新すればOKです。

リスト**4-4-9** `app/_components/Menu/index.tsx`

```tsx
export default function Menu() {
  const [isOpen, setOpen] = useState<boolean>(false);
  const open = () => setOpen(true);
  const close = () => setOpen(false); ——————[追加]

  return (
    <div>
      <nav className={cx(styles.nav, isOpen && styles.open)}>
        <ul className={styles.items}>
          <li>
            <Link href="/news">ニュース</Link>
          </li>
          <li>
            <Link href="/members">メンバー</Link>
          </li>
          <li>
            <Link href="/contact">お問い合わせ</Link>
          </li>
        </ul>
        <button className={cx(styles.button, styles.close)} ⏎
onClick={close}>
          <Image
            src="/close.svg"
            alt="閉じる"
            width={24}
            height={24}
            priority
          />
        </button>
      </nav>
      <button className={styles.button} onClick={open}>
        <Image src="/menu.svg" alt="メニュー" width={24} height={24} ⏎
priority />
      </button>
    </div>
  );
}
```

閉じるボタンのスタイルも追加しましょう。

リスト**4-4-10** app/_components/Menu/index.modules.css

```
@media (max-width: 640px) {

(省略)

  .button {
    display: flex;
    background: none;
    border: none;
    cursor: pointer;
  }


  .close {
    position: absolute;
    top: 24px;
    right: 16px;
  }
}
```

追加

ハンバーガーメニューの右上にある「×」ボタンをクリックして、メニューが閉じれば正しく動作しています。

最後に、ここまでの作業内容をコミットし、GitHubにプッシュしましょう。VSCodeでターミナルを開き、下記コマンドを順に打ち込んでください。

```
git add .
git commit -m "4章まで完了"
git push origin main
```

下記のリポジトリにもここまでのソースコードを置いているので、必要に応じてご活用ください。

URL https://github.com/nextjs-microcms-book/nextjs-website-sample/tree/chapter-4

本書は紙面や説明の簡略化の都合上、アクセシビリティに準拠したハンバーガーメニューの実装になっていません。以下の実装のサンプルも合わせて参考にしてみてください。

URL https://github.com/nextjs-microcms-book/nextjs-website-sample/pull/16

4-4-4 | Next.jsの内部的な仕組みについて知ろう

ハンバーガーメニューの実装で「use client」というおまじないを紹介しました。このおまじないについての意味を紹介します。はじめはとっつきにくいと感じるかもしれないので、本書のようなシンプルなサイトを作成する場合は完全に理解できなくても大丈夫です。

```
"use client";

import Link from "next/link";
import Image from "next/image";
```

これまでapp/ディレクトリ配下にmembersディレクトリなどを作成することで、ルーティングを追加してきました。

このapp/ディレクトリでのルーティングを行う仕組みのことを**App Router**と呼びます。Next.jsにおけるルーティングには、App Routerを含めて2つの開発手法があります。

- App Router
  - -appディレクトリでのルーティング。内部的にReactのReact Server Components（RSCと省略されることもあります）という仕組みを採用しています
- Pages Router
  - -Next.jsのバージョンが13以前では主流とされていました。pagesディレクトリを作成することでルーティングを追加します。本書では解説していませんが、Next.jsのドキュメントや既存のプロダクトでは多く採用されています

また、Next.jsのApp Routerは2種類のコンポーネントに分けられます。

- サーバーコンポーネント
  - -上記のuse clientをつけないと、app配下すべてのコンポーネントがデフォルトでサーバーコンポーネントになります。PHPなどのサーバーサイドの言語を経験した方はイメージしやすいかもしれませんが、文字通りサーバーで実行されます
- クライアントコンポーネント
  - -上記のuse clientを付与したコンポーネントをクライアントコンポーネントと呼びます。クライアント（つまりユーザーが操作しているブラウザ上）で実行されます

違いを踏まえて、
コンポーネントを
使い分けよう

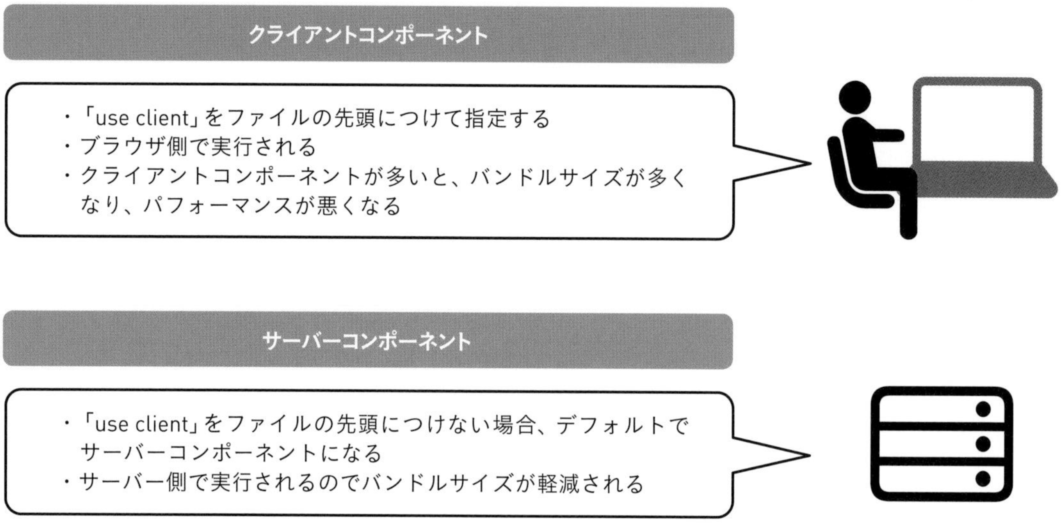

クライアントコンポーネント

・「use client」をファイルの先頭につけて指定する
・ブラウザ側で実行される
・クライアントコンポーネントが多いと、バンドルサイズが多く
　なり、パフォーマンスが悪くなる

サーバーコンポーネント

・「use client」をファイルの先頭につけない場合、デフォルトで
　サーバーコンポーネントになる
・サーバー側で実行されるのでバンドルサイズが軽減される

図4-4-6　コンポーネントの種類の違い

　useStateなどのReactの状態は、先ほど述べた通り、ブラウザのメモリ上に値を保存します。そのため、クライアントコンポーネントで実行する必要があります。JavaScriptを実行したい場合も同様です。

　ハンバーガーメニューのような、ボタンクリックなどの**ユーザーの操作によってUIを更新したい場合には、クライアントコンポーネントを利用する**必要があります。

　しかし、ブラウザ上でJavaScriptを実行する量（バンドルサイズと呼ぶことがあります）が多くなると、パフォーマンスが悪くなり、読み込みが遅くなってしまうなどの課題があります。そのため、ユーザーの操作が必要ないものはサーバーコンポーネントとし、サーバー側であらかじめJavaScriptを実行すればブラウザのパフォーマンスを最適化できます。

　App Routerの仕組みははじめに複雑に感じるかもしれませんが、簡単に図4-4-7のような使い分けを検討するとよいでしょう。

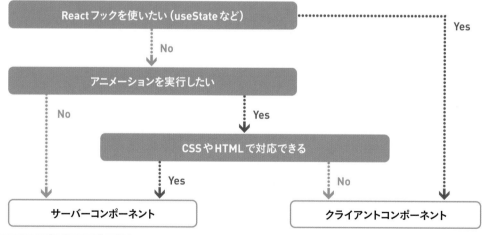

図4-4-7　コンポーネントの使い分け

chapter

5

ヘッドレスCMSで
コンテンツ管理してみよう

Webサイトを作成したら終わりではありません。
ニュースやメンバー情報のような内容を追加・更新す
る作業が必要になります。第5章ではこれまでに作成
してきたサイトのコンテンツを、専用の管理画面から
操作できるようにするため、ヘッドレスCMSの設定方
法を解説します。

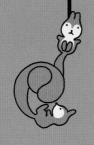

microCMS とは

国産のヘッドレスCMSであるmicroCMSについて解説します。

　Next.jsで作成したWebサイトに、従来型のCMSを組み込むことは困難です。一般的なCMSはWebサーバーやデータベースを含んだプラットフォームとなっており、機能追加や改修を行うためには各CMSが実装されているプログラミング言語（主にPHP）を用いる必要があります。Next.jsはNode.jsベースのフレームワークであり、一般的なCMSプラットフォーム上で動かすことはできません。

　そんなシチュエーションで、ぴったりなのが本書のテーマである**ヘッドレスCMS**です。本書ではヘッドレスCMSとして、国産CMSである**microCMS**を使用します。

`URL` https://microcms.io/

図5-1-1　microCMS

　第5章ではここまで作成してきたサイトのニュースとメンバー情報を、microCMSで管理できる形式に変更していきましょう。

microCMSを
セットアップしよう

さて、ここからはいよいよmicroCMSのセットアップをしていきます。第4章で
作成したメンバーページのコンテンツ管理をする想定で進めていきましょう。

5-2-1 | アカウントを登録しよう

まずはアカウントの登録が必要です。下記URLからアカウント登録画面にアクセスし、登録を行ってください。

URL https://app.microcms.io/

パスワードの条件は次の通りです。

・半角英数
・8文字以上
・大文字、小文字、数字を含む

利用規約、およびプライバシーポリシーに同意の上、「アカウントを登録する」をクリックすると、アカウント登録は完了です（図5-2-1）。

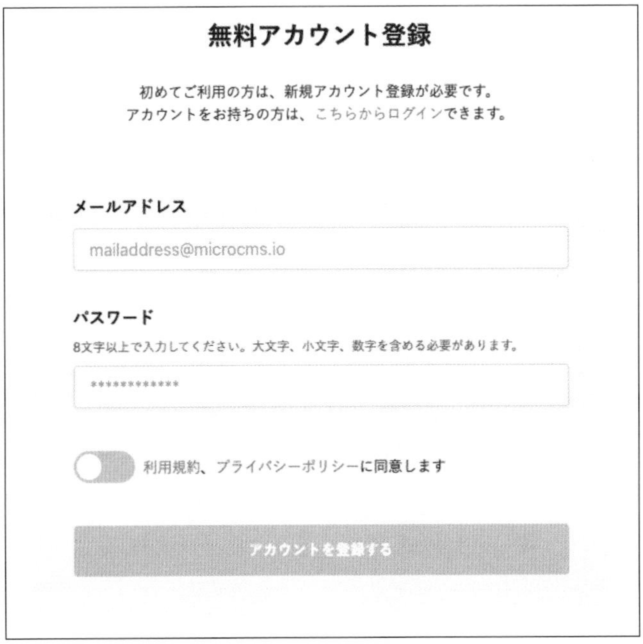

無料アカウント登録

初めてご利用の方は、新規アカウント登録が必要です。
アカウントをお持ちの方は、こちらからログインできます。

メールアドレス

mailaddress@microcms.io

パスワード
8文字以上で入力してください。大文字、小文字、数字を含める必要があります。

****

利用規約、プライバシーポリシーに同意します

アカウントを登録する

図5-2-1 アカウントを登録する

5-2-2 | サービスを作ろう

アカウント登録後はサービス作成画面に移動します。サービスとはmicroCMSの中で最上位の概念で、サイトや組織といった単位で作成します。「一から作成する」か「テンプレートから選ぶ」の2種類から形式を選ぶことができます。ここでは「一から作成する」を選択しましょう（図5-2-2）。

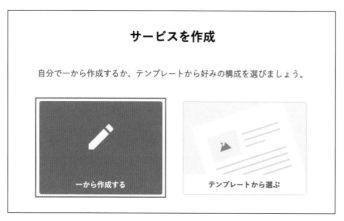

図5-2-2　サービスの作成形式を選択する

次にサービス情報の入力画面に移動します（図5-2-3）。

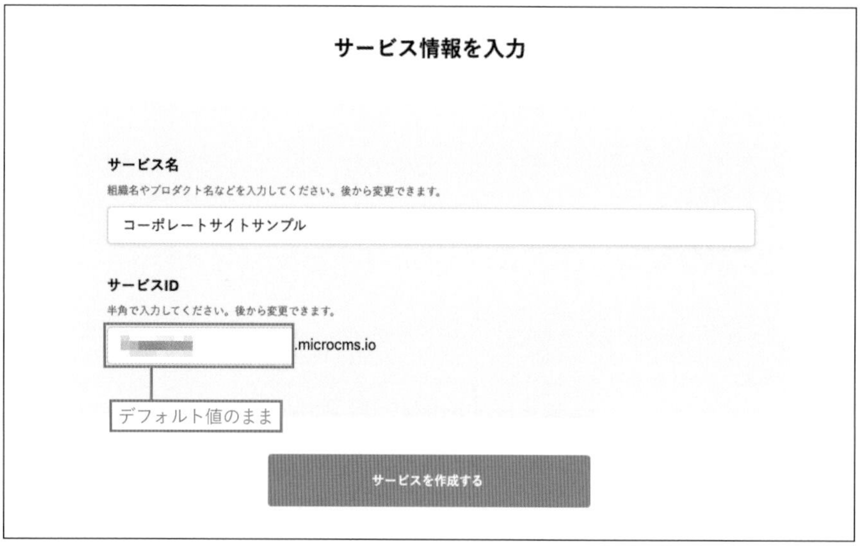

図5-2-3　サービス情報を入力する

サービス名にはmicroCMSの導入を考えているプロダクトやプロジェクト名を入力します。サービスIDは管理画面のURLのサブドメインに設定される値です。最初からそれぞれデフォルト値が入力されています。本書では、サービス名は「コーポレートサイトサンプル」と入力し、サービスIDはデフォルト値を設定します。設定ができたら、「サービスを作成する」をクリックします。

以上でサービスの作成は完了です。ここから先はサービスIDを「microcms.io」のサブドメインとしてアクセスできるようになります。作成完了後に表示される画面の「サービスにアクセスする」をクリックし、サービスの管理画面に移動しましょう（図5-2-4）。

図5-2-4 サービスの作成が完了

5-2-3 | APIを作ろう

次にAPIの作成フローに入っていきます。

APIとは

APIとは「Application Programming Interface」の略で、**異なるソフトウェアやアプリケーションの間で通信を行う際に、データをやり取りするための規格を表すもの**です。

例えば、メンバー情報の取得にはどういった通信をすればよいのか、そのルールが定義されているようなイメージです。

具体例を挙げると、本書でこれから設定するmicroCMSでは「https://{サービスID}.microcms.io/api/v1/membersというURLにリクエストを送ると、メンバーの名前・役職・プロフィール・画像のデータを返却する」といったルールを決めます。

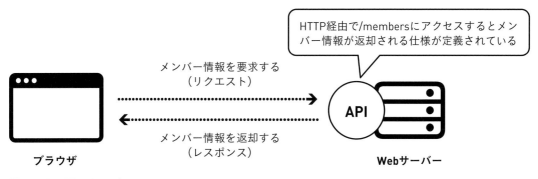

図5-2-5 APIのイメージ

APIを作成する

APIはサービスごとに複数作成できます。APIが未作成の場合、管理画面のトップページで図5-2-6のような画面が表示されます。APIの構成をテンプレートから作成するか、自分で作成するかを選べるようになっています。

APIを作成

自分で決めるか、テンプレートから選んでAPIを作成しましょう。

自分で決める　　ブログ　　お知らせ　　バナー

図5-2-6　APIの作成形式を選択する

　今回は、自分で作成する方法を紹介していきます。「自分で決める」を選択すると、まずは基本情報の入力を求められます（図5-2-7）。

APIの基本情報を入力

API名
APIの内容を入力してください。後から変更できます。

メンバー

エンドポイント
APIのエンドポイント名を半角で入力してください。後から変更できます。

https://〇〇〇〇〇.microcms.io/api/v1/　members

図5-2-7　APIの基本情報を入力する

　「API名」と「エンドポイント」の2つを入力します。API名は管理画面上で各APIを識別するために設定する名前です。エンドポイントはAPIのアクセスURLのようなものです。

　ここでは、第4章で作成したメンバーページの情報を管理するためのAPIを作成します。API名は「メンバー」、エンドポイントは「members」と入力して、画面下部に表示される「次へ」ボタンをクリックしましょう。

 エンドポイントとは

APIのエンドポイントは、**ある特定の機能を実行したり、特定のデータを取得したりするために、プログラムが通信を行うURLのこと**を指します。エンドポイントごとに定められたルールやパラメータに従ってリクエストを送ることで、必要なデータを取得したり、サービス上で特定の操作を実行したりできます。

続いて、APIの型を選択します（図5-2-8）。

APIの型を選択

リスト形式

JSON配列を返却するAPIを作成します。
ブログやお知らせの一覧、カルーセル等
に適しています。

オブジェクト形式

JSONオブジェクトを返却するAPIを作成
します。設定ファイルや単体ページ情報
などの取得に適しています。

図5-2-8　**API**の型を選択する

今回は複数のメンバー情報を管理するから「リスト形式」だね

ここではAPIレスポンスをリスト形式で返すか、オブジェクト形式で返すかを選択できます。本書では「リスト形式」を選択して、「次へ」ボタンをクリックしてください。それぞれの特徴について簡単に紹介します。

・リスト形式

複数のコンテンツを取り扱うことができます。お知らせやブログなど、複数あるコンテンツの管理に適しています。APIでは次のように配列データを取得できます。

```
[ { message: 'おはよう' }, { message: 'こんにちは' }, { message: 'こんばんは' } ]
```

・オブジェクト形式

単一のコンテンツを取り扱うことができます。設定情報や単体ページの情報など、単一のコンテンツの管理に適しています。APIでは次のようにオブジェクトデータを取得できます。

```
{ title: 'プロフィール', profile: 'ヘッドレスCMSを勉強しています' }
```

APIスキーマを定義する

ここまで「https://{サービスID}.microcms.io/api/v1/members にアクセスすると、何らかの配列のデータが返却される」というルールを定義してきました。

次に、実際にどのような構造のデータが返却されるのかを定義していきます。このデータの構造のことを**APIスキーマ**と呼びます。メンバー情報の入力フィールドとして、設定が必要なのは次の4つの項目です。

- ・**名前**
- ・**役職**
- ・**プロフィール**
- ・**画像**

これらをAPIスキーマとして定義していきましょう。入力中のフィールドの下に表示される「フィールドを追加」ボタンをクリックすると、フィールドの入力欄が追加されます（図5-2-9）。

表5-2-1を参照し、計4つのフィールドを追加してください。入力後、「作成」のボタンをクリックすると、APIの作成が完了します。

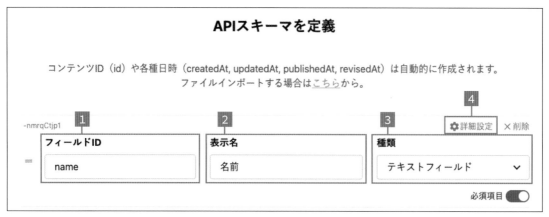

図5-2-9 APIスキーマを定義する

表5-2-1 メンバーAPIのAPIスキーマ定義

フィールドID	表示名	種類	必須項目
name	名前	テキストフィールド	ON
position	役職	テキストフィールド	ON
profile	プロフィール	テキストエリア	ON
image	画像	画像	ON

　APIスキーマの設定画面ではフィールドID、表示名、種類の設定と、フィールドごとの詳細設定が可能です。図5-2-9中の 1 ～ 4 で指図している部分では、それぞれ下記の内容を指定できます。

1 フィールドID

　APIから返却されるデータのキー名となる値です。今回の場合、name、position、profile、imageというキーを持ったオブジェクト配列を返却します。

```
[
  {
    name: (名前),
    position: (役職),
    profile: (プロフィール),
    image: (画像)
  },
  ...
]
```

2 表示名

　後ほど解説するコンテンツ編集画面におけるフィールド名です。

3 種類

　フィールドの入力方法です。さまざまな入力方法がサポートされていますが、今回は「テキストフィールド」「テキストエリア」「リッチエディタ」「画像」を使用します。

4 詳細設定

フィールドの種類に応じたさまざまな設定です。必須項目かどうかや、入力時の制限などが設定できます。 3 の種類と合わせて、詳しくは公式ドキュメントを参照してください。

URL▶ https://document.microcms.io/manual/api-model-settings

5-2-4 | コンテンツを作ろう

次に、メンバー情報の入力作業をしていきます。一般的な制作現場では、APIの作成まではエンジニアの方に作業してもらうケースが多いかもしれませんが、ここから先のコンテンツの具体的な情報を入力する工程はサイトの運用担当者が操作する部分となります。

コンテンツの新規作成

APIを作成すると、画面左側のサイドバーに作成したAPIが表示されます。その部分をクリックすると、コンテンツ一覧画面が表示されます（図5-2-10）。

図5-2-10　コンテンツ一覧画面

もしコンテンツ一覧画面ではなく、コンテンツ編集画面が表示されている場合は、API作成時の「APIの型を選択」する際に、オブジェクト形式を選んでしまっている可能性が高いです。その場合は、一度API設定画面からAPIを削除する操作をしてから、再度作り直してください。

現時点ではまだ何もコンテンツを作成していないので、一覧画面には「コンテンツがありません」と表示されています。画面右上または画面中央の「追加」ボタンをクリックし、コンテンツの新規作成画面に移動しましょう。

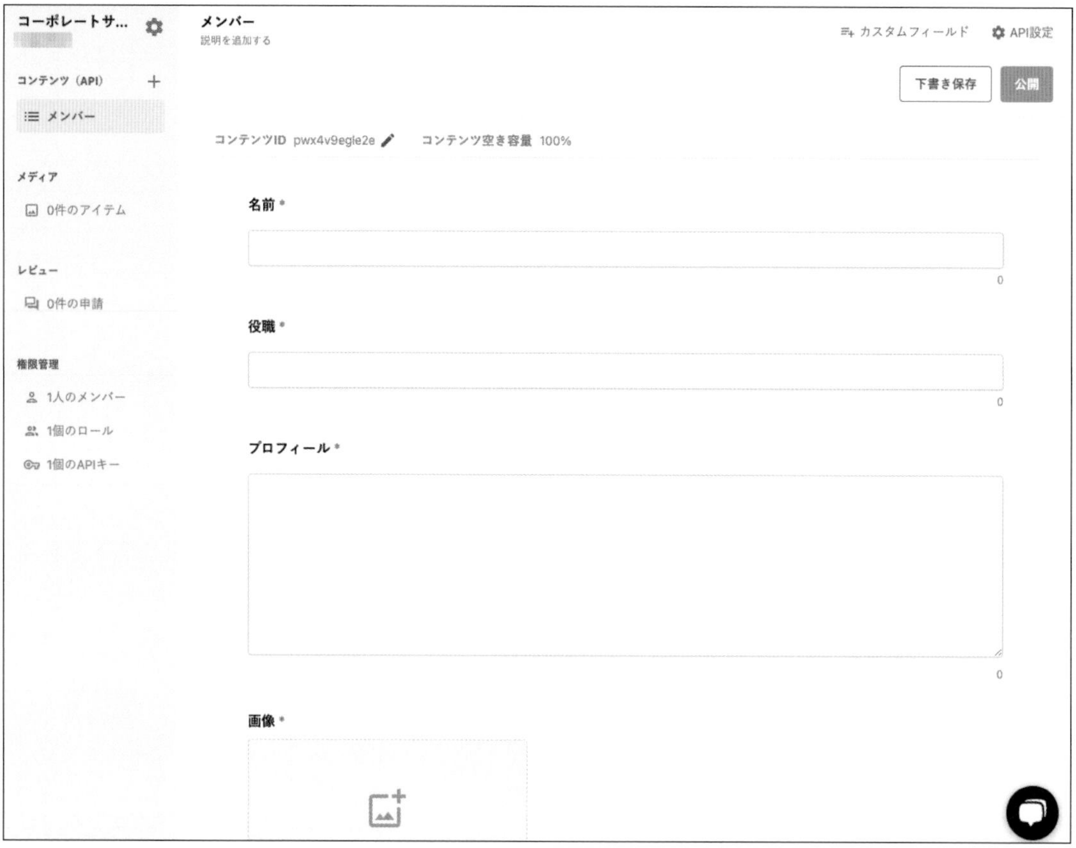

図5-2-11 コンテンツ作成画面

　入力画面の上部にコンテンツIDの入力フィールドがあります。デフォルトではランダムな文字列が自動生成されていますが、このタイミングで任意の文字列に変更することも可能です。コンテンツIDは記事のslug（URLの最後尾のパス部分）に使われることも多いので、覚えておきましょう（170ページ参照）。

　今回は、第4章で作成したメンバーページの内容を、microCMSで管理できる形式に移行することが目的です。app/members/page.tsxで定義した内容を、各フィールドに入力し直していきましょう。

表5-2-2　1人目のメンバーの情報

フィールド	内容
名前	デイビッド・チャン
役職	CEO
プロフィール	グローバルテクノロジー企業での豊富な経験を持つリーダー。以前は大手ソフトウェア企業の上級幹部として勤務し、新市場進出や収益成長に成功。自身の経験と洞察力により、業界のトレンドを見極めて戦略的な方針を策定し、会社の成長を牽引している。
画像	public/img-member1.jpg

　入力が完了したら画面右上の「公開」ボタンを押して、コンテンツを公開状態にしましょう。これで**外部からAPI経由でコンテンツにアクセスできる状態**となりました。

図5-2-12 フィールドに情報を入力する

コンテンツのステータス

　コンテンツのステータスについても紹介しておきます。コンテンツには次の4つのステータスがあります。すべてのステータスがAPIからコンテンツを取得できるかどうかという観点での状態を表しています。

・公開中

　APIでコンテンツの内容を取得できます。ステータスコードは200です。

・下書き中

　APIでコンテンツの内容を取得することはできません。ステータスコードは404です。ただし、draftKeyを付与してリクエストするか、APIキーに「下書き全取得」の権限をつけた場合は、コンテンツの内容を取得できます。コンテンツ編集画面にて「下書き保存」ボタンを押すと、このステータスになります（draftkeyやAPIキーについては後述します）。

・公開中かつ下書き中

　APIで公開中のコンテンツの内容のみ取得できます。ステータスコードは200です。ただし、draftKeyを付与してリクエストするか、APIキーに「下書き全取得」の権限をつけた場合は、下書きコンテンツの内容を取得できます。コンテンツの公開後に内容を更新して下書き保存することで、このステータスになります。

・公開終了

APIでコンテンツの内容を取得することはできません。ステータスコードは404です。

 ## ステータスコードとは？

HTTP通信におけるレスポンスの一部として送られる数値コードです。リクエストが成功したのかどうか、失敗した場合はその種類を識別できます。一般的によく使用されるステータスコードを紹介します。

表5-2-A　よく使用されるステータスコード

ステータスコード	説明
200 OK	リクエストが成功し、レスポンスとして送られた情報が正しいことを示す
400 Bad Request	サーバーがリクエストを理解できないことを示す。不正なリクエストフォーマット、パラメータの欠如、構文エラーなどが原因
404 Not Found	リクエストされたリソースがサーバー上に存在しないことを示す。URLが間違っている場合などに返される
500 Internal Server Error	サーバー内部で未知のエラーが発生し、リクエストを処理できないことを示す
503 Service Unavailable	サーバーが一時的にリクエストを処理できない状態であることを示す。メンテナンス中やサーバーが過負荷である場合などに使用される

コンテンツの追加

左サイドバーにある「メンバー」というリンクをクリックし、一覧画面に戻ってみましょう。先ほど作成した1件のメンバーが表示されているはずです（図5-2-13）。

図5-2-13　メンバーの情報が表示されている

画面右上の「追加」ボタンから再度コンテンツ作成画面に移り、第4章で定義した他のメンバー2名分についても入力をしていきましょう。

表5-2-3　2人目のメンバーの情報

フィールド	内容
名前	エミリー・サンダース
役職	COO
プロフィール	グローバル企業での運営管理と組織改革の経験豊富なエグゼクティブ。以前は製造業界でCOOとして勤務し、生産効率の向上や品質管理の最適化に成功。戦略的なマインドセットと組織の能力強化に対する専門知識は、会社の成長と効率化に大きく貢献している。
画像	public/img-member2.jpg

表5-2-4　3人目のメンバーの情報

フィールド	内容
名前	ジョン・ウィルソン
役職	CTO
プロフィール	先進技術の研究開発と製品イノベーションの分野で優れた経歴を持つテクノロジーエキスパート。以前は、大手テクノロジー企業の研究開発部門で主任エンジニアとして勤務し、革新的な製品の開発に携わった。最新の技術トレンドに精通し、当社の製品ポートフォリオを革新的かつ競争力のあるものにするためにリサーチと開発をリードしている。
画像	public/img-member3.jpg

　3人分入力すると、一覧画面の順序がCTO→COO→CEOの順になってしまうため、ドラッグ＆ドロップでCEO→COO→CTOの順に並べ替えておきましょう（図5-2-14）。

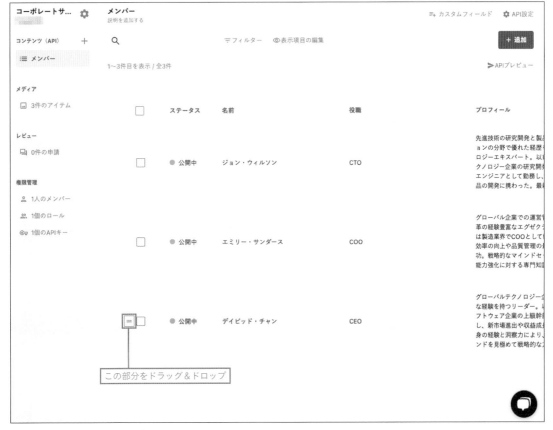

図5-2-14　ドラッグ＆ドロップで順番を変更できる

5-2-5 | APIを呼び出せるようにしよう

「APIを呼び出す」とは

ヘッドレスCMSを利用する場合、コンテンツを公開状態にしても、その表示画面が自動的に生成されるわけではありません。表示用の画面は別途開発が必要であり、APIを通じて取得したコンテンツを、開発した画面上に表示させます。**APIを通じてコンテンツを取得する操作を「APIを呼び出す」と表現します。**

図5-2-15　**API**の呼び出しのイメージ

APIを呼び出すためにはエンドポイントにアクセスする必要があります。ここまでで実際に利用できるようになったAPIのエンドポイントは次の2つです。

・**メンバー詳細情報の取得**：https://{サービスID}.microcms.io/api/v1/members/{コンテンツID}
・**メンバー一覧情報の取得**：https://{サービスID}.microcms.io/api/v1/members

とはいえ、このURLにHTTPリクエストを投げるだけでデータが取得できるわけではありません。データを取得するためにはAPIキーによる認証が必要です。APIキーはmicroCMSの画面左側のサイドバーにある「権限管理」→「1個のAPIキー」から確認できます。すべてのAPIからコンテンツを取得（GET）できるキーがデフォルトで1つ用意されています（図5-2-16）。

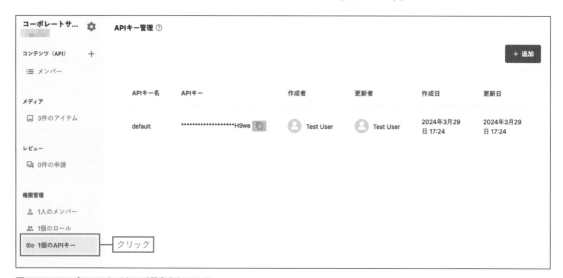

図5-2-16　デフォルトでキーが用意されている

HTTPリクエストにはヘッダーとボディという概念があります。このうち、ヘッダー部分にX-MICROCMS-API-KEYという項目でAPIキーをセットすることでデータを取得できます。

 HTTPリクエストのヘッダーとボディ

Webページの閲覧には、ブラウザとサーバー間での情報交換が欠かせません。この情報交換の基本がHTTPリクエストで、主に「ヘッダー」と「ボディ」から成り立っています。
リクエストヘッダーは、ブラウザの種類やデータ形式など、通信に関する情報をサーバーに伝えます。この情報をもとに、サーバーは適切な形式でコンテンツを返します。リクエストボディは、ユーザーからサーバーへ具体的なデータを送る場所です。フォームに入力した情報やファイルアップロードなどがここに含まれます。

APIプレビュー

microCMSには管理画面上で簡単にAPIとの通信を試せる「APIプレビュー」機能があります。まずはこの機能を使って、メンバー詳細情報の取得を試してみましょう。メンバーが一覧表示されている中からデイビッド・チャンの行をクリックして詳細ページに移動し、画面右上の「APIプレビュー」ボタンをクリックしてください（図5-2-17）。

コーポレートサ... ⚙	メンバー 説明を追加する	☰ カスタムフィールド ⚙ API設定

コンテンツ（API） ＋　　　く ● 公開中 ◎公開終了にする　　　⬆ 画面プレビュー … 下書きを追加 公開

☰ メンバー

クリック ➤APIプレビュー

メディア　　　　コンテンツID pwx4v9egle2 ✎　コンテンツ空き容量 100%

🖼 3件のアイテム

レビュー

🗂 0件の申請　　　名前 *

　　　　　　　　デイビッド・チャン

権限管理　　　　　　　　　　　　　　　　　　　　　　　　　　　9

👤 1人のメンバー　役職 *

👥 1個のロール　　CEO

🔑 1個のAPIキー　　　　　　　　　　　　　　　　　　　　　　3

　　　　　　　　プロフィール *

　　　　　　　　グローバルテクノロジー企業での豊富な経験を持つリーダー。以前は大手ソフトウェア企業の上級幹部として勤務

図5-2-17　APIプレビューのボタン

管理画面内でAPIリクエストを試すことができるのは便利だね！

すると、画面表示が切り替わります。「取得」ボタンをクリックすると、画面上部に表示されているURLに対してHTTPリクエストを送信し、レスポンスがページ下部に表示されます（図5-2-18）。この際、ヘッダーにAPIキーがセットされた状態で通信が行われます。

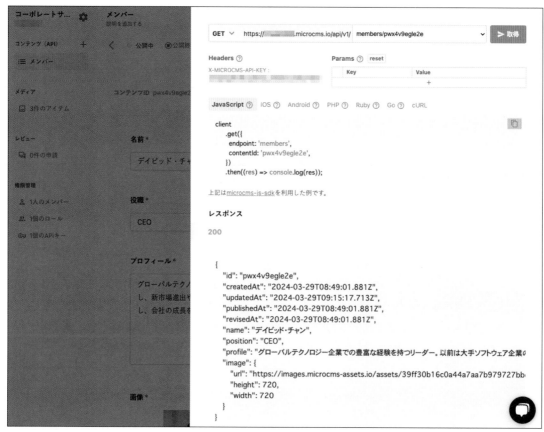

図5-2-18　APIプレビュー機能

レスポンスはJSONと呼ばれる形式で返却されます。次の5つは設定されているフィールドに限らず共通のプロパティです（表5-2-5）。

表5-2-5　共通プロパティ

プロパティ	説明
id	コンテンツID。オブジェクト形式の場合は返却されない
createdAt	コンテンツの作成日時
updatedAt	コンテンツの更新日時
publishedAt	コンテンツの公開日時。コンテンツが公開されるまでは返却されない
revisedAt	コンテンツの改訂日時。コンテンツが公開されるまでは返却されない

これら以外のプロパティは設定されているスキーマに応じて返却されます。本書で使用する各フィールドは次のような値を返却します（表5-2-6）。

表5-2-6　本書で使用するフィールドの返却値

フィールドの種類	返却値の型
テキストフィールド	文字列
テキストエリア	文字列
画像	画像URL、横幅、高さを含むオブジェクト
リッチエディタ	文字列（HTML形式）
コンテンツ参照	参照先のコンテンツオブジェクト

JSONとは

Webの世界でデータをやり取りする際、その形式としてよく使われるのがJSON（JavaScript Object Notation）です。JSONはデータ交換のフォーマットとして、そのシンプルさと読みやすさから多くのプログラマーに採用されています。具体的には、データを「名前と値のペア」の集まりとして構造化しています。

メンバー一覧情報の取得

次にメンバー一覧情報の取得を試してみましょう。左サイドメニューにある「メンバー」をクリックしてコンテンツ一覧画面に戻り、画面右上の「APIプレビュー」ボタンをクリックしてください。先ほどのコンテンツ詳細を取得するAPIプレビューと同様に、コンテンツ一覧の取得を試せます。

一覧情報の取得ではcontents、totalCount、offset、limitが返却されます（表5-2-7）。

表5-2-7　コンテンツ一覧の取得で返却されるプロパティ

プロパティ	説明
contents	コンテンツ一覧の配列
totalCount	コンテンツの全件数
offset	コンテンツ一覧のうち、何件目以降を取得しているのかを表す
limit	取得件数

また、エンドポイントにはさまざまな**クエリパラメータ**が用意されています。クエリパラメータを指定することで、コンテンツの並び替え、検索、絞り込みなどAPIからのレスポンスを思い通りに変形させることができます。

APIプレビュー内の「Params」にてクエリパラメータを指定して試すことができます。例えば「fields」に対して「id,name」と指定すると、コンテンツのレスポンスをidとnameのみに絞ることが可能です（図5-2-19）。

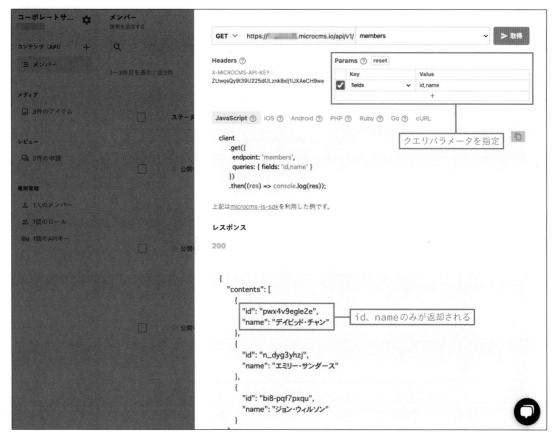

図5-2-19　クエリパラメータによる絞り込み

その他のクエリパラメータについては下記のURLからドキュメントを参照してください。

URL https://document.microcms.io/content-api/get-list-contents

URL https://document.microcms.io/content-api/get-content

 クエリパラメータとは？

クエリパラメータは、Webページへのリクエストをカスタマイズする方法の1つです。主にデータのフィルタリングやソート、特定の情報の取得など、リクエストに追加情報を提供するために使用されます。クエリパラメータはURLの末尾に「?」記号の後に追加され、キーと値のペアで構成されます。複数のクエリパラメータを使用する場合は、「&」記号でそれぞれを区切ります。
次に示すのは、メンバーAPIに対してfieldsというクエリパラメータにid, nameを指定する例です。

```
https://{サービスID}.microcms.io/api/v1/members?fields=id,name
```

メンバーページにmicroCMS を組み込んでみよう

microCMSの準備ができたので、第4章で作成したメンバーページにmicroCMS を組み込んでいきます。第4章であらかじめオブジェクト配列として定義してい たメンバー情報を、microCMSからAPI経由で取得してきたデータに差し替える イメージです。

5-3-1 | 事前準備をしよう

APIに対してHTTP通信を行う処理は、microCMSが提供している公式SDKである**microcms-js-sdk**を用いて開発します。まずは事前準備として、必要なツールのインストールを行いましょう。

microcms-js-sdkのインストール

第2章の環境構築の際に含まれていないパッケージなので、npmを用いてインストールします。VSCodeを開き、メニューバーの「ターミナル」→「新しいターミナル」からターミナルを起動します。ターミナルで次のコマンドを実行し、必要なパッケージをインストールします。

```
npm install microcms-js-sdk@3.1.0
```

インストールが無事完了すると、パッケージ群であるnode_modulesの配下にmicrocms-js-sdk が追加されます。

また、ルートディレクトリにあるpackage.jsonにも新たにmicrocms-js-sdkの行が追加されます。この記述があることで**環境を再現しやすくなるというメリット**があります。仮に、新しいエンジニアがプロジェクトにアサインされ、GitHubからリポジトリをクローン（ダウンロード）してきたとします。その場合でも、npm installコマンドを打つだけで自動的にmicrocms-js-sdkもインストールされるようになったわけです。

リスト**5-3-1 package.json**

```
"dependencies": {

    (省略)

    "microcms-js-sdk": "3.1.0",  ────[npm installにより自動的に追加された行]

    (省略)

}
```

環境変数の設定

次に環境変数を設定します。プロジェクトのルートに.env.localというファイルを作成しましょう。そして、次の情報を入力してください。

リスト**5-3-2** .env.local
```
MICROCMS_API_KEY=xxxxxxxxxx
MICROCMS_SERVICE_DOMAIN=xxxxxxxxxx
```

それぞれxxxxxxxxxxの部分は、ご自身の環境における値に置き換えてください。MICROCMS_API_KEYは、microCMS管理画面の「サービス設定」→「APIキー」から確認できます。MICROCMS_SERVICE_DOMAIN は、microCMS の 管 理 画 面 の URL で あ る、https://〜〜〜〜〜.microcms.ioにおける〜〜〜〜〜の部分です。

```
📁 app
📁 public
📄 .eslintrc.json
📄 README.md
📄 next.config.mjs
📄 package-lock.json
📄 tsconfig.json
📄 .env.local
```
ディレクトリ構成図

🛠 環境変数とは

環境変数は、**アプリケーションの実行環境に関する情報を保持した変数**のことです。これらの変数は、アプリケーションの設定、接続情報、秘密のキーなど、動的に変更される可能性のあるデータを外部から注入するために使用されます。

Next.jsにおいて、環境変数は特に重要です。開発環境、テスト環境、本番環境など、異なる環境で異なる設定や値を使用する必要がある場合、環境変数を利用してこれを実現できます。環境変数を用いると、データベースの接続情報やAPIキーなど、公開したくない情報をソースコードに直接書かずに、安全に管理できるようになります。

Next.jsでは、.envファイルをプロジェクトのルートに配置することで、環境変数を簡単に設定できます。そして、これらの変数はprocess.envオブジェクトを通じてアクセスすることができます。環境変数を使用することで、アプリケーションの設定を柔軟にし、セキュリティを向上できます。

microCMS と通信処理を行う関数

次に、SDKを使ってmicroCMSとの通信処理を行うための関数を作成していきます。app/_libs/microcms.tsに次のようにコードを加えましょう。

リスト**5-3-3** app/_libs/microcms.ts
```
import { createClient } from "microcms-js-sdk";
import type {
  MicroCMSQueries,
  MicroCMSImage,
  MicroCMSListContent,
} from "microcms-js-sdk";

export type Member = {
  name: string;
  position: string;
  profile: string;
  image: MicroCMSImage;
} & MicroCMSListContent;
```
先頭に追加

```
export type Category = {
  name: string;
};
```

最初に、SDKから必要な関数や型情報をインポートしています。そして次にmicroCMS内で定義されているメンバーAPIのスキーマ構造に合わせて型定義を行います。

MicroCMSImageとMicroCMSListContentはSDKが用意している型情報です。それぞれ内部では次のように定義されています。すでに、先ほどインストールしたmicrocms-js-sdk内で定義されているため、特に変更の必要はありません。

リスト**5-3-4 node_modules/microcms-js-sdk/dist/microcms-js-sdk.d.ts**
```
interface MicroCMSImage {
  url: string;
  width?: number;
  height?: number;
}
type MicroCMSListContent = MicroCMSContentId & MicroCMSDate;
```

MicroCMSImage型は画像のURL・横幅・高さの情報を、MicroCMSListContent型はコンテンツID
と日時情報を保持しています。

続いて、app/_libs/microcms.tsに次のコードを追記しましょう。

リスト**5-3-5 app/_libs/microcms.ts**
```
export type News = {
  id: string;
  title: string;
  category: {
    name: string;
  };
  publishedAt: string;
  createdAt: string;
};

if (!process.env.MICROCMS_SERVICE_DOMAIN) {
  throw new Error("MICROCMS_SERVICE_DOMAIN is required");
}

if (!process.env.MICROCMS_API_KEY) {
  throw new Error("MICROCMS_API_KEY is required");
}

const client = createClient({
  serviceDomain: process.env.MICROCMS_SERVICE_DOMAIN,
  apiKey: process.env.MICROCMS_API_KEY,
});
```
追加

process.env.MICROCMS_SERVICE_DOMAIN と process.env.MICROCMS_API_KEY では先ほど
.env.localファイルに設定した環境変数を参照しています。参照エラーが出ないように、環境変数に
それぞれの値がセットされているかをチェックしています。また、SDKに用意されている
createClient関数を使ってクライアントを作成します。SDKにおけるクライアントとは、サーバー側
で提供されているサービスやAPIにアクセスするための部分を指します。これを使うとサーバーと通
信するための複雑な処理を書かずに済むため、手軽にサービスを利用できるようになります。

メンバーの一覧を表示する関数

次にメンバーの一覧を取得する関数を作成しましょう。app/_libs/microcms.tsに次のコードを追
加します。

リスト**5-3-6 app/_libs/microcms.ts**

```
const client = createClient({
  serviceDomain: process.env.MICROCMS_SERVICE_DOMAIN,
  apiKey: process.env.MICROCMS_API_KEY,
});

export const getMembersList = async (queries?: MicroCMSQueries) => {
  const listData = await client
    .getList<Member>({
      endpoint: "members",
      queries,
    });
  return listData;
};
```

追加

getMembersListはqueriesという引数を受け取ります。MicroCMSQueriesとはmicroCMSのAPI
に渡すクエリパラメータの型情報で、SDK側で定義されています。クライアントに用意されている
getListというメソッドでmicroCMSと通信処理を行います。getListの直後にある<Member>は取得
してきたデータの型情報を表しており、先ほど定義したMemberという型を指定しています。仕組み
を詳しく知りたい方はジェネリクスというTypeScriptの機能を調べてみてください。下記のURLから
ドキュメントを参照できます。

URL https://www.typescriptlang.org/docs/handbook/2/generics.html

endpointにはmicroCMS側で定義したメンバー管理APIのエンドポイントであるmembersを指定
します。queriesには引数から受け取ったものをそのまま渡しています。

getListは非同期通信と呼ばれるもので、通常のJavaScriptでは通信完了を待たずに次の処理に進
んでしまうため、ここではasync/awaitという仕組みを用いて同期的に処理しています。

非同期通信とasync/await構文

JavaScriptはシングルスレッドで動作するため、通常はコードが上から下へ順番に実行されます。しかし、処理に時間がかかる場合（例えば、データの取得など）、その完了を待たずに次の処理を行いたい場合があります。しかし、JavaScriptはブラウザ上で実行されるため、処理を待っている間はページがフリーズしてしまいます。この問題を解決するために、JavaScriptには非同期通信の仕組みがあります。

非同期通信を利用すると、時間のかかる処理を外部のAPIなどに任せて、その間にブラウザ側で他の処理を実行することができます。そして、外部処理が終わったら通知を受け取り、必要な処理を続けることができます。これが**コールバック**と呼ばれる仕組みです。

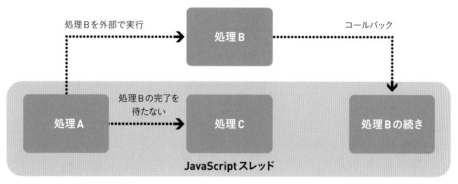

図5-3-A　コールバックの仕組み

しかし、複数の非同期処理が絡み合うと、コールバック関数内で新しいコールバック関数を呼び出すことが必要になります。そのたびに、ネストが深くなり、コードが複雑で読みにくくなります。この状況を「コールバック地獄」と呼びます。JavaScriptでは、これを解消するために**Promise**という仕組みがあります。Promiseは将来の非同期処理の結果を表すオブジェクトです。「処理中」「成功」「失敗」の3つのうち、どれかの状態を表します。詳しく知りたい方は下記のURLからドキュメントをご参照ください。

URL https://developer.mozilla.org/ja/docs/Web/JavaScript/Reference/Global_
Objects/Promise

また、Promiseを活用できるasync/await構文を使うことで、非同期処理を同期処理のように扱えるようになり、コードが読みやすくなります。async関数は自動的にPromiseを返し、awaitキーワードはPromiseが解決されるまで関数の実行を一時停止します。

これらの機能を使うことで、JavaScriptでの非同期処理をより簡潔に、そして読みやすく記述できるようになります。実際のコードとしては下記のように書くことができます。

```
async function doSomething() {
    処理A();
    処理C();
    await 処理B();
    処理Bの続き ();
}
```

5-3-2 | ソースコードを書き換えよう

事前準備が完了しました。それでは、実際にメンバーページを書き換えてみましょう。

メンバーページの書き換え

app/members/page.tsxを次のように変更します。

リスト **5-3-7** app/members/page.tsx

```
import Image from "next/image";
import { getMembersList } from "@/app/_libs/microcms";  ——— 追加
import styles from "./page.module.css";

const data = {
  contents: [省略]                               ——— 削除
};

export default async function Page() {  ——— asyncを追加
  const data = await getMembersList();  ——— 追加
  return (
```

前項にて定義したgetMembersListをimportし、Page関数の冒頭で呼び出します。メンバーの情報を取得してくる処理は非同期通信となるため、async/awaitで処理しています。

これで、配列で直接定義していた部分をmicroCMSからのデータに置き換えることができました。VSCodeのターミナルでnpm run devコマンドを実行して開発環境を起動し、http://localhost:3000/membersにアクセスしてみましょう。しかし、現時点では図5-3-1のようなエラーが表示されます。

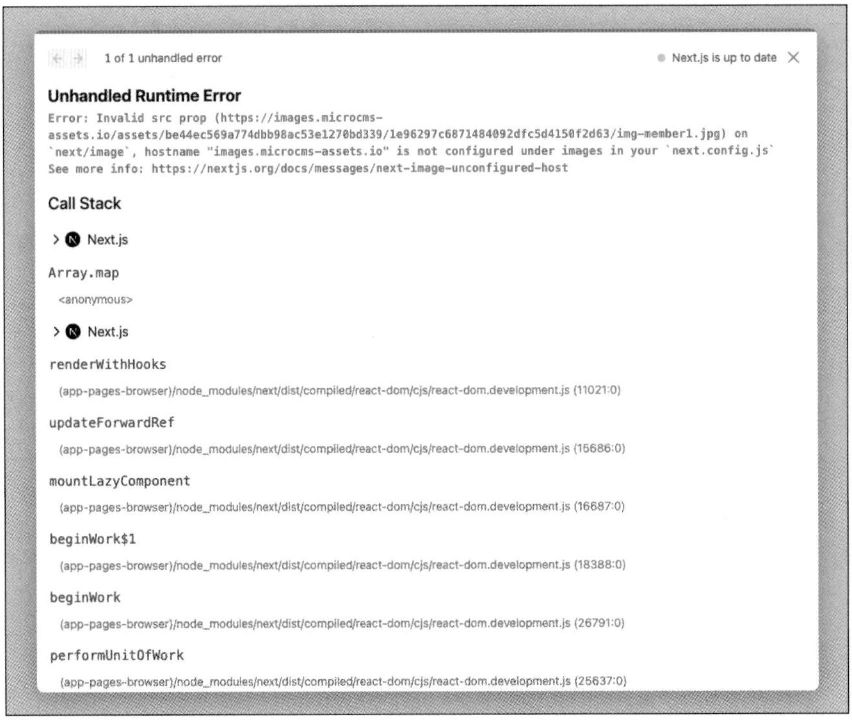

```
1 of 1 unhandled error                                    ● Next.js is up to date   ✕

Unhandled Runtime Error
Error: Invalid src prop (https://images.microcms-
assets.io/assets/be44ec569a774dbb98ac53e1270bd339/1e96297c6871484092dfc5d4150f2d63/img-member1.jpg) on
`next/image`, hostname "images.microcms-assets.io" is not configured under images in your `next.config.js`
See more info: https://nextjs.org/docs/messages/next-image-unconfigured-host

Call Stack
 >  Ⓝ Next.js

Array.map
      <anonymous>

 >  Ⓝ Next.js

renderWithHooks
      (app-pages-browser)/node_modules/next/dist/compiled/react-dom/cjs/react-dom.development.js (11021:0)

updateForwardRef
      (app-pages-browser)/node_modules/next/dist/compiled/react-dom/cjs/react-dom.development.js (15686:0)

mountLazyComponent
      (app-pages-browser)/node_modules/next/dist/compiled/react-dom/cjs/react-dom.development.js (16687:0)

beginWork$1
      (app-pages-browser)/node_modules/next/dist/compiled/react-dom/cjs/react-dom.development.js (18388:0)

beginWork
      (app-pages-browser)/node_modules/next/dist/compiled/react-dom/cjs/react-dom.development.js (26791:0)

performUnitOfWork
      (app-pages-browser)/node_modules/next/dist/compiled/react-dom/cjs/react-dom.development.js (25637:0)
```

図**5-3-1** エラーが表示される

これは悪意のあるユーザーからアプリケーションを保護するために、**Next.jsが外部画像の読み込みを制限していることが原因**です。microCMSからAPI経由でメンバー情報を取得する形式に変更したことで、外部サービスであるmicroCMSにホスティングされている画像（images.microcms-assets.ioのドメインの画像）が利用されるようになり、制限の対象になったというわけです。

Next.jsの設定ファイルにてimages.microcms-assets.ioドメインをホワイトリストに追加して、エラーを回避しましょう。ルートに置かれているnext.config.mjsを次のように修正します。この状態でもう一度ブラウザを見てみると、エラーが消えたことを確認できます。

```
📁 app
📁 public
📄 .eslintrc.json
📄 README.md
📄 next.config.mjs
📄 package-lock.json
📄 tsconfig.json
📄 .env.local
```

ディレクトリ構成図

リスト **5-3-8** next.config.mjs

```
/** @type {import('next').NextConfig} */
const nextConfig = {
  images: {
    remotePatterns: [
      {
        protocol: "https",            ← 修正
        hostname: "images.microcms-assets.io",
      },
    ],
  },
};

export default nextConfig;
```

変更が反映されることの確認

メンバーページの内容がmicroCMSで管理しているコンテンツになっていることも確認してみましょう。また、microCMSのコンテンツを更新した場合に、開発環境側のコンテンツも更新されるかどうかも試してみましょう。

microCMSの管理画面にてメンバーの編集画面に移動し、メンバーの名前を「デイビッド・チャン」から「デイビッド・チャン変更済み」に変更して「公開」ボタンを押します（図5-3-2）。

図 **5-3-2** メンバーの名前を変更する

その後、ブラウザから http://localhost:3000/members にアクセスし、名前の変更が反映されていれば成功です（図5-3-3）。

図5-3-3　メンバーの名前の変更が反映される

もし変更されていない場合、ブラウザのキャッシュが原因の可能性があります。次の操作で強制リロードをしてみてください。

・Windowsの場合：「Ctrl」+「F5」キーを押す
・Macの場合：「Command」+「Shift」+「R」キーを押す

変更が確認できたら、変更したテキストは元に戻しておいてください。

5-3-3 | コンテンツ数の取得上限を調整しよう

microCMSのリストAPIは、デフォルトでは10件までしかコンテンツが返却されません。そのため、メンバーを11人以上登録していても10人分しか表示されません。これを解決するためには2つの方法があります。

・limitパラメータを与えて、取得上限値を変更する
・何件かずつ複数ページにわたって表示する（ページネーション）

前者のほうが簡易的に解決できますが、limit上限値は100件なのでそれを超える件数には対応できません。後者はどれだけ件数が増えても問題ありませんが、実装がやや大変です。後者に関しては第7章で解説するので、ここでは前者の方法で解決したいと思います。

コンテンツ取得上限値の変更

　app/membersディレクトリ配下のpage.tsxを開き、getMembersList()部分を次のように書き換えます。

リスト**5-3-9　app/members/page.tsx**

```
import Image from "next/image";
import { getMembersList } from "@/app/_libs/microcms";
import styles from "./page.module.css";

export default async function Page() {
  const data = await getMembersList({ limit: 100 }); ——[修正]
  return (
```

　app/_libs/microcms.tsで定義した通り、getMembersListは引数としてAPIに渡すためのクエリパラメータを与えることができるので、microCMSのリストAPIに用意されているlimitパラメータを指定します。limitではAPIから取得してくるコンテンツ数の上限値を設定できます。これにより、最大100件までのコンテンツが1度に取得できるようになります。

　こういったソースコード内に直接記載された数値は**マジックナンバー**と呼ばれ、後から別の人がソースコードを見た際、何を表している数値なのかがわかりづらくなってしまいます。そこで、今回のlimitは定数として定義することにします。appディレクトリの配下に、_constantsディレクトリを作成し、その中にindex.tsを作成します。index.tsに次のコードを記述しましょう。

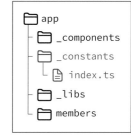

ディレクトリ構成図

リスト**5-3-10　app/_constants/index.ts**

```
export const MEMBERS_LIST_LIMIT = 100;
```

　そして、先ほどのgetMembersList()ではこちらの定数を利用するように変更します。

リスト**5-3-11　app/members/page.tsx**

```
import Image from "next/image";
import { getMembersList } from "@/app/_libs/microcms";
import { MEMBERS_LIST_LIMIT } from "@/app/_constants"; ——[追加]
import styles from "./page.module.css";

export default async function Page() {
  const data = await getMembersList({ limit: MEMBERS_LIST_LIMIT }); ——[修正]
  return (
```

　これから扱う定数値もすべてapp/_constants/index.tsにまとめることで、コードの見通しもよくなりますし、数値の一括変更もしやすくなります。

注意点

microCMSのAPIには、**1秒間あたりの呼び出し回数上限やレスポンスサイズの上限**が定められています。これらを超過するとエラーとなってしまうため、覚えておきましょう。詳しくは下記ドキュメントを参照してください。

`URL` https://document.microcms.io/manual/limitations#h1eb9467502

今回、メンバーの情報で定義した程度のコンテンツサイズであれば、100件を一度に取得しても問題はありませんが、メディア記事など1つのコンテンツサイズが大きい場合は100件を一度に取得すると上限を超えてしまう可能性があります。そのため、先に挙げた2つの方法のうち、ページネーションの採用をおすすめします。

ページネーション機能は
第7章で解説するよ

SECTION 5-4 | トップページのニュースに microCMSを組み込んでみよう

メンバーの情報と同様に、トップページにあるニュースもmicroCMSで管理してみましょう。

5-4-1 | コンテンツを用意しよう

まずはmicroCMSにニュースのコンテンツを用意していきます。左サイドバーの「＋」ボタンからAPI作成画面に遷移しましょう（図5-4-1）。

図5-4-1 「＋」ボタンをクリックする

カテゴリーAPIの作成

ニュースのAPIを作成していく前に、ニュースを分類する「カテゴリー」用のAPIを作成します。APIの作成形式の選択画面で「自分で決める」を選んだ後、基本情報であるAPI名に「カテゴリー」、エンドポイントに「categories」と入力し、「次へ」ボタンをクリックします（図5-4-2）。

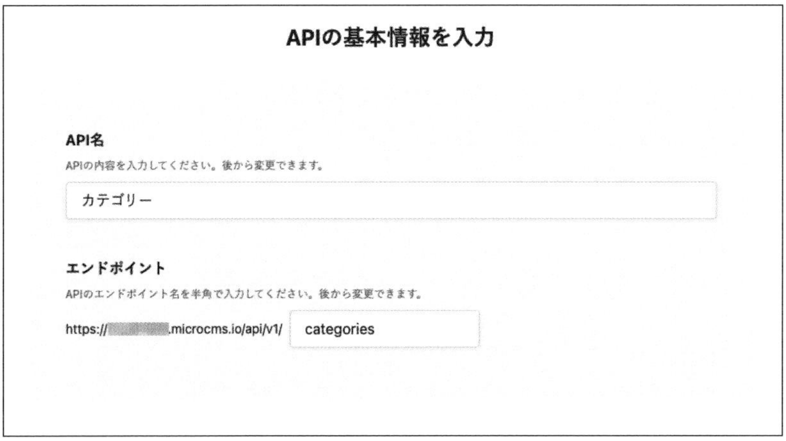

図5-4-2 カテゴリーAPIの基本情報を入力する

カテゴリーも複数件の登録を行うため、APIの型は「リスト形式」を選択し、「次へ」ボタンをクリックします。

そして、APIスキーマの定義は、図5-4-3のようにカテゴリー名だけのシンプルな構造を定義しておきましょう。**必須項目をONにする**ことを忘れないようにしてください。

図5-4-3　APIスキーマを定義する

表5-4-1　カテゴリーAPIのAPIスキーマ定義

フィールドID	表示名	種類	必須項目
name	カテゴリー名	テキストフィールド	ON

　最後に「作成」ボタンをクリックしたら、カテゴリーAPIの作成は完了です。次に、カテゴリーAPIのコンテンツをいくつか用意していきます。ニュースのカテゴリーなので「お知らせ」「重要」「プレスリリース」という3つを作成します。今回はそれぞれのコンテンツIDを明示的に指定していきます。まずは「追加」ボタンを押して、カテゴリー名に「お知らせ」と入力します。次の図の赤枠部分にて、コンテンツIDの変更ができるのでクリックしてみましょう（図5-4-4）。

図5-4-4　コンテンツIDを変更する

　次のような入力フォームが表示されるので、「お知らせ」カテゴリーには「notice」と入力して「公開」ボタンを押しましょう（図5-4-5）。

図5-4-5　コンテンツIDを入力する

同様に「重要」カテゴリーには「important」を、「プレスリリース」カテゴリーには「press-release」を指定し、コンテンツを作成します。最終的に一覧画面は図5-4-6のようになります。

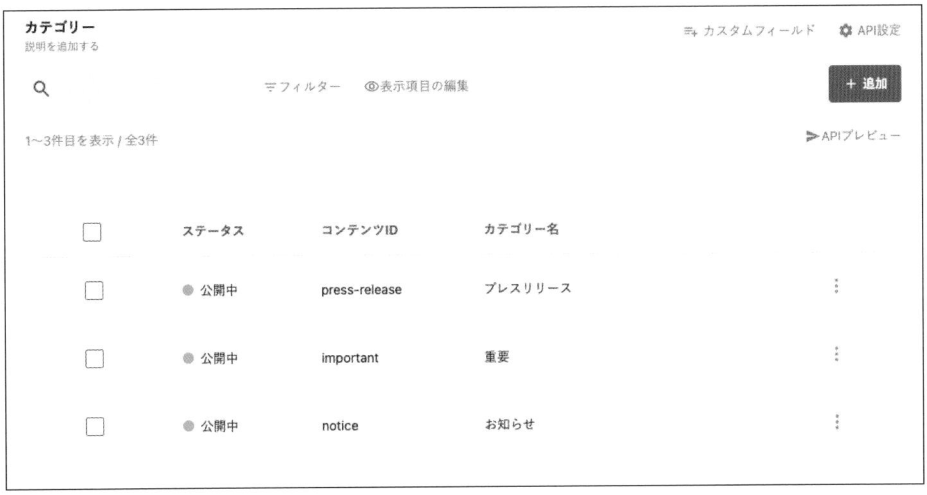

	ステータス	コンテンツID	カテゴリー名	
☐	● 公開中	press-release	プレスリリース	⋮
☐	● 公開中	important	重要	⋮
☐	● 公開中	notice	お知らせ	⋮

図5-4-6　コンテンツを3つ作成する

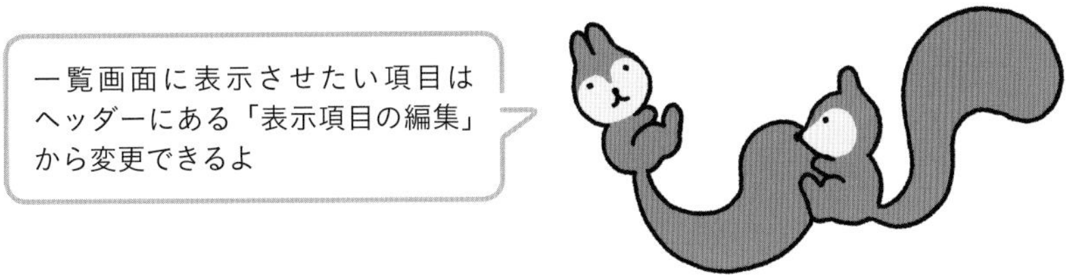

一覧画面に表示させたい項目は
ヘッダーにある「表示項目の編集」
から変更できるよ

ニュースAPIの作成

これでカテゴリーの下準備が完了しました。次にニュースAPIを作成します。先ほどと同様、左サイドバーの「＋」ボタンからAPI作成画面に移動しましょう。「自分で決める」を選択し、API名に「ニュース」、エンドポイントに「news」と入力し、「次へ」をクリックします（図5-4-7）。

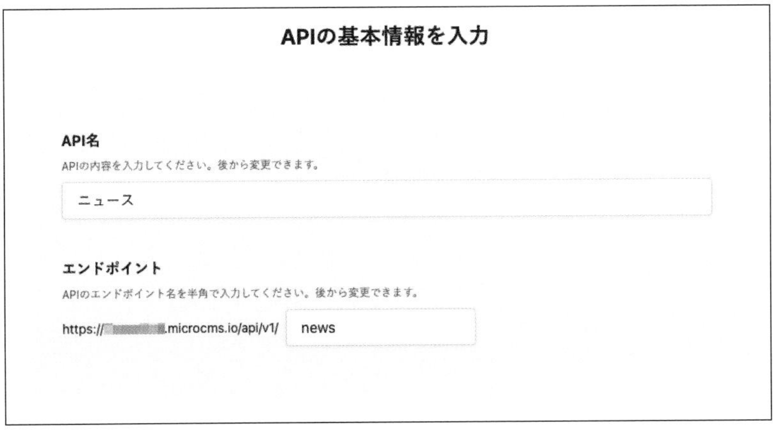

APIの基本情報を入力

API名
APIの内容を入力してください。後から変更できます。

> ニュース

エンドポイント
APIのエンドポイント名を半角で入力してください。後から変更できます。

https://▒▒▒.microcms.io/api/v1/ 　news

図5-4-7　ニュースAPIの基本情報を入力する

カテゴリーの際と同様に、APIの型は「リスト形式」を選択します。APIスキーマは表5-4-2を参照し、5つのフィールドを定義します。

表5-4-2　ニュースAPIのAPIスキーマ定義

フィールドID	表示名	種類	必須項目
title	タイトル	テキストフィールド	ON
description	概要	テキストエリア	ON
content	内容	リッチエディタ	ON
category	カテゴリー	コンテンツ参照 - カテゴリー（categories）	ON
thumbnail	サムネイル画像	画像	OFF

　APIスキーマの定義では、**サムネイル画像以外はすべて必須項目をONにします。**サムネイル画像は、画像のないニュースが必要になる場面を想定し、必須項目にはしません。

　また、categoryフィールドに注目してください。コンテンツの種類は「コンテンツ参照」を選択し、先ほど作成したカテゴリーAPIを指定しています。このように設定することで、ニュースAPIはカテゴリーAPIのコンテンツを参照することができるようになります。

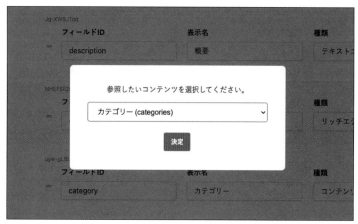

図5-4-8　参照するコンテンツを選択する

APIの作成が完了したら、ニュースAPIのコンテンツ作成画面に移動してみましょう。カテゴリーフィールドにはボタンが設置されているのがわかります（図5-4-9）。

図5-4-9 「選択」ボタンが表示される

「選択」ボタンをクリックすると、カテゴリーAPI側で作成したコンテンツから1つ選択するモーダルが表示されます（図5-4-10）。

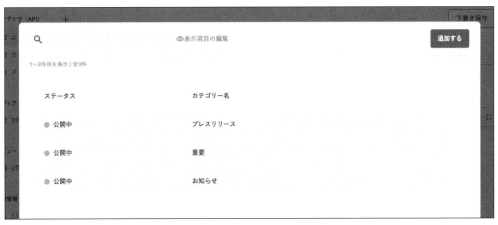

図5-4-10 カテゴリーを選択できるようになる

この中から1つ選択することで、ニュースAPI側からカテゴリーAPIのコンテンツを参照することができます。一度すべてのフィールドを適当に埋め、APIプレビューをしてみましょう（図5-4-11）。

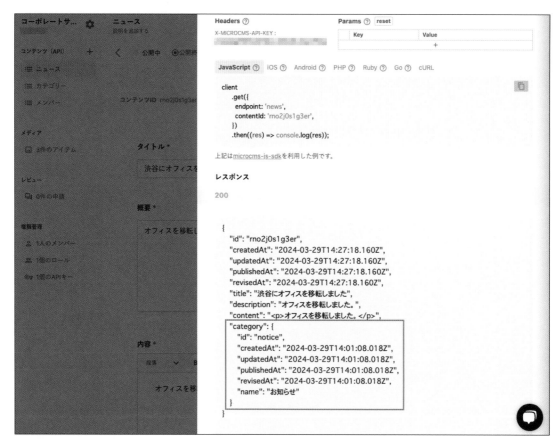

図5-4-11 APIプレビュー

　写真の赤枠の通り、ニュースAPIからのレスポンス内にあるcategory部分には、カテゴリーAPI側のコンテンツが含まれた形で返却されます。仮にカテゴリー名を変更した場合でも、ニュースAPIがカテゴリーAPIを参照しているため、ニュースAPIからのレスポンスも自動的に変更されます。

インポート機能の活用

　今後のために、ニュースのコンテンツをもう少し増やしておきましょう。1つずつ情報を入力していくのは大変なので、ここでは**インポート機能**を使います。

　執筆時点ではインポート機能はコンテンツが0件の場合にしか使えないため、まずはニュースをすべて削除する必要があります。まずはニュースのコンテンツ一覧画面から、API設定に移動しましょう（図5-4-12）。

図5-4-12 「API設定」ボタン

設定画面では「削除」→「全コンテンツを削除する」を選択します。すると、確認ダイアログが表示されるので、指示に従って操作を行うとすべてのコンテンツの削除ができます（図5-4-13）。

図5-4-13 「全コンテンツを削除する」を選択する

削除を実行後、一覧画面は図5-4-14のようになります。ページ中央下部に「インポートする」ボタンがあるのでクリックしましょう。

図5-4-14 「インポートする」ボタンを選択する

クリックすると図5-4-15のようなモーダルが表示されます。ここではCSVファイルからコンテンツのインポートを行うことができるようになっています。

図5-4-15　インポートのモーダル

サンプルリポジトリ（下記URL）に、ニュースの情報をまとめたファイルを用意しています。3-2-1項（44ページ）で画像を準備した際に、ダウンロードしたサンプルリポジトリのデーター式があれば、そちらを使いましょう。

URL ▶ https://github.com/nextjs-microcms-book/nextjs-website-sample/tree/main/contents/news

contents/newsディレクトリの中にあるinput-format.csvを表示されたモーダル内で選択します。選択後に「20件のインポートを開始」ボタンをクリックしましょう（図5-4-16）。

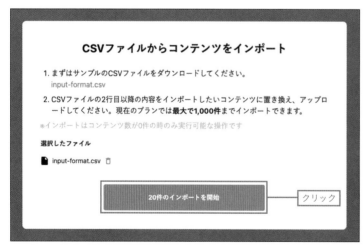

図5-4-16　ファイルを選択してインポートする

インポートが完了すると、20件のデータが追加されます。ニュース一覧画面が図5-4-17のようになっていれば成功です。

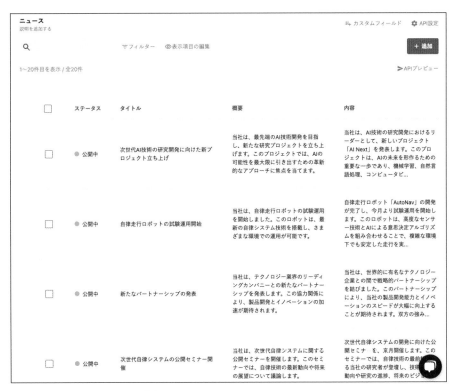

図5-4-17　20件のニュースが表示される

サムネイル画像の設定

　また、サンプルリポジトリのcontents/news/imagesディレクトリの中にニュースのサムネイル画像を3件だけ用意してあります。先頭から3つのコンテンツのサムネイル画像として設定してください。

URL ▶ https://github.com/nextjs-microcms-book/nextjs-website-sample/tree/main/contents/news/images

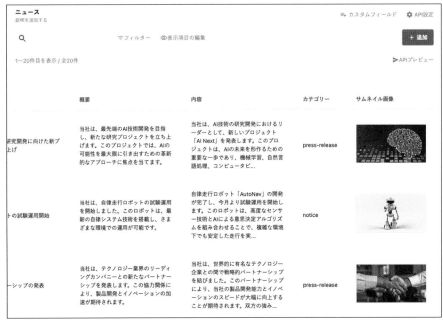

図5-4-18　サムネイル画像を設定する

5-4-2 | データ取得の準備をしよう

　コンテンツの準備ができたので、今度はそれらを取得する準備をしていきましょう。ニュースの型定義はすでに第3章で用意していますが、microCMSのスキーマ構造に合わせるために少し変更を加えます。app/_libs/microcms.tsを次のように修正しましょう。

リスト**5-4-1　app/_libs/microcms.ts**

```
export type Category = {
  name: string;
};


export type News = {
  id: string;
  title: string;
  category: {                                    削除
    name: string;
  };
  publishedAt: string;
  createdAt: string;
};


export type Category = {
    name: string;
  } & MicroCMSListContent;


export type News = {
  title: string;                                 追加
  description: string;
  content: string;
  thumbnail?: MicroCMSImage;
  category: Category;
} & MicroCMSListContent;


if (!process.env.MICROCMS_SERVICE_DOMAIN) {
```

 必須設定ではないサムネイルの型定義

リストはmicroCMS上でのAPIスキーマ定義に基づいています。基本はメンバーの型定義とほとんど一緒ですが、ニュースの型定義ではカテゴリーへの参照があります。

また、ニュースのAPIスキーマ定義ではサムネイル画像が必須設定ではなかったことを思い出してください。microCMSの管理画面にて画像を設定しなかった場合は、thumbnailの部分は返却されません。これに対応するために、thumbnailの箇所に「?」をつけています。これはTypeScriptにおける**オプショナルプロパティ**の記法となっており、thumbnailがundefinedの可能性があることを示しています。

次に、ニュース一覧を取得する関数を作成していきましょう。app/_libs/microcms.tsに次のコードを追加します。中身の説明はgetMembersListと同じなので割愛します。

リスト5-4-2 app/_libs/microcms.ts

```ts
export const getMembersList = async (queries?: MicroCMSQueries) => {
  const listData = await client
    .getList<Member>({
      endpoint: "members",
      queries,
    });
  return listData;
};

export const getNewsList = async (queries?: MicroCMSQueries) => {
  const listData = await client
    .getList<News>({
      endpoint: "news",
      queries,
    });
  return listData;
};
```

追加

5-4-3 │ ソースコードを書き換えよう

それでは、実際にトップページにある「最新ニュース」の部分を書き換えていきましょう。今回、トップページには最新の2件のニュースが表示されるようになっています。そこで、再びlimitパラメータを使って件数を調整します。

ニュースの表示件数の設定

5-3-3項と同様にapp/_constants/index.tsにて次のように定義を追加しましょう。

リスト5-4-3 app/_constants/index.ts

```ts
export const MEMBERS_LIST_LIMIT = 100;
export const TOP_NEWS_LIMIT = 2;
```

追加

そして、app/page.tsxを次のように変更しましょう。

リスト**5-4-4** app/page.tsx

```
import styles from "./page.module.css";
import Image from "next/image";
import { getNewsList } from "@/app/_libs/microcms"; ─┐
import { TOP_NEWS_LIMIT } from "@/app/_constants"; ─┘  [追加]
import NewsList from "@/app/_components/NewsList";
import ButtonLink from "@/app/_components/ButtonLink";
import { News } from "@/app/_libs/microcms"; ─┐


const data: { contents: News[] } = {      [末尾のimport文とニュースの
  contents:[                              コンテンツをすべて削除]

  (省略)

  },
};──────────────────────────────────────┘


export default async function Home() { ─── [asyncを追加]
  const sliceData = data.contents.slice(0, 2); ─── [削除]


  const data = await getNewsList({ ─┐
    limit: TOP_NEWS_LIMIT,            [追加]
  }); ────────────────────────────┘


  return (
    <>

      (省略)

      <section className={styles.news}>
        <h2 className={styles.newsTitle}>News</h2>
        <NewsList news={data.contents} /> ─── [修正]
        <div className={styles.newsLink}>
          <ButtonLink href="/news">もっとみる</ButtonLink>
        </div>
      </section>
    </>
  );
}
```

158

これで、microCMSから最新2件のニュースを取得するように変更できました。実際のニュース表示部分はNewsListコンポーネントにて行っています。microCMSで設定した画像が表示されるように修正していきましょう。

リスト5-4-5　app/_components/NewsList/index.tsx

```tsx
        <Link href={`/news/${article.id}`} className={styles.link}>
          <Image
            className={styles.image}
            src="/no-image.png"
            alt="No Image"
            width={1200}
            height={630}
          />
```

削除

```tsx
          {article.thumbnail ? (
            <Image
              src={article.thumbnail.url}
              alt=""
              className={styles.image}
              width={article.thumbnail.width}
              height={article.thumbnail.height}
            />
          ) : (
            <Image
              className={styles.image}
              src="/no-image.png"
              alt="No Image"
              width={1200}
              height={630}
            />
          )}
```

追加

```tsx
          <dl className={styles.content}>
```

Imageコンポーネントはm icroCMSのサーバーに配置されている画像を最適化して表示しています。Next.jsでは、第3章で紹介したようなローカルに配置した画像だけでなく、外部に配置した画像も最適化が可能です。

ここまで修正が完了したら、VSCodeのターミナルにてnpm run devコマンドを実行し、https://localhost:3000にアクセスしてみましょう。図5-4-19のようにmicroCMSのデータが表示できていれば成功です。

図5-4-19　2件のニュースが表示される

　最後に、ここまでの作業内容をコミットし、GitHubにプッシュしましょう。VSCodeでターミナルを開き、下記コマンドを順に打ち込んでください。

```
git add .
git commit -m "5章まで完了"
git push origin main
```

　リポジトリにもここまでのソースコードを置いているので、下記のURLから必要に応じて活用してください。

URL https://github.com/nextjs-microcms-book/nextjs-website-sample/tree/chapter-5

chapter

6

ニュースページを
作ってみよう
～基礎的なコンテンツの扱い方～

第6章からは、microCMSを使用して「ニュース」の
コンテンツを扱うページを作成していきます。「ニュー
ス」のコンテンツを扱いながら、microCMSを使用し
たWebサイト制作における重要なポイントや注意点
を押さえ、実践的なコンテンツの扱い方を学びましょ
う。大まかな流れとして、第6章で「一覧ページ」「詳
細ページ」を、第7章で「カテゴリーページ」「ページ
ネーション」「その他応用編」の実装を行います。

ニュースの一覧ページを
作ってみよう

まずはニュースの一覧ページから作っていきましょう。

図6-1-1　この節の完成イメージ

6-1-1 │ ニュースページのレイアウトを作ろう

ニュースページもメンバーページと同様に、第4章で解説したlayout.tsxを使用してレイアウトを作成します。まずはappディレクトリにnewsというディレクトリを作成してから、その中にlayout.tsxというファイルを作成しましょう。

ファイルを作成したら、次のようにコードを記述します。

ディレクトリ構成図

リスト**6-1-1 app/news/layout.tsx**

```tsx
import Hero from "@/app/_components/Hero";
import Sheet from "@/app/_components/Sheet";

type Props = {
  children: React.ReactNode;
};

export default function NewsLayout({ children }: Props) {
  return (
    <>
      <Hero title="News" sub="ニュース" />
      <Sheet>{children}</Sheet>
    </>
  );
}
```

6-1-2 │ microCMSからニュースコンテンツを 取得・表示しよう

コンテンツを取得する

次に、newsディレクトリの中にpage.tsxを作成します。このページではmicroCMSに登録したニュースのコンテンツを一覧で表示します。まずはコンテンツのデータの取得を行うために、次のコードを記述しましょう。

リスト**6-1-2 app/news/page.tsx**

```tsx
import { getNewsList } from "@/app/_libs/microcms";

export default async function Page() {
  const { contents: news } = await getNewsList();

  return <div>{JSON.stringify(news)}</div>;
}
```

ニュースの一覧ページ（http://localhost:3000/news）に移動して、表示を確認してみましょう。図6-1-2のようにJSONのデータが表示されていれば正しく動作しています。

図6-1-2　JSONデータが表示される

レイアウトを整える

　現時点では取得したデータをそのまま表示している状態なので、次にこれらのデータを実際のページのレイアウトとして表示するためのマークアップをしていきます。

第3章で作成した
コンポーネントを
使えば簡単だよ！

リスト6-1-3　app/news/page.tsx

```
import { getNewsList } from "@/app/_libs/microcms";
import NewsList from "@/app/_components/NewsList"; ————[追加]

export default async function Page() {
  const { contents: news } = await getNewsList();

  return <NewsList news={news} />; ————[修正]

}
```

図6-1-3のようにニュースの一覧が表示されていれば成功です。

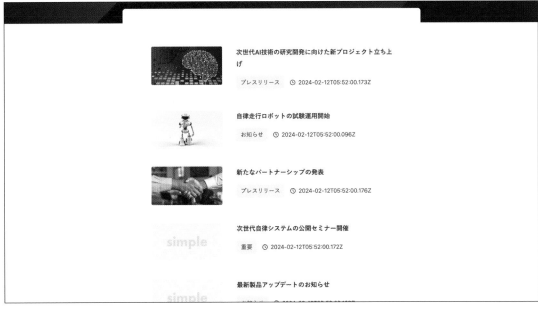

図**6-1-3** ニュースの一覧が表示される

日付の表示を整える

　ここで日付部分の表示を確認してみましょう（図6-1-4）。microCMSの日付データはUTC（協定世界時）で返却されます。日本時間はその9時間後となるため、表示の変換処理をする必要があります。また、人間にとってわかりやすい表示形式であるとはいえないため、この点についても改善していきます。

図**6-1-4** 日付の表示を変換する必要がある

　変換にあたっては、日時の情報を扱うためのライブラリを導入しましょう。VSCodeのターミナルを開いて次のコマンドを実行します。

```
npm install dayjs@1.11.10
```

　次に、日付変換処理をするための関数を作成しましょう。_libsディレクトリ内にutils.tsファイルを作成し、次のコードを記述してください。

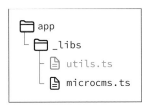

ディレクトリ構成図

リスト6-1-4　**app/_libs/utils.ts**

```
import dayjs from "dayjs";
import utc from "dayjs/plugin/utc";
import timezone from "dayjs/plugin/timezone";

dayjs.extend(utc);            ─┐
dayjs.extend(timezone);       ─┴❶

export const formatDate = (date: string) => {                    ─┐
  return dayjs.utc(date).tz("Asia/Tokyo").format("YYYY/MM/DD");   ├❷
};                                                                ─┘
```

このコードの中身を簡単に解説します。まず、❶でUTCを扱うためのプラグインと、タイムゾーンを考慮するためのプラグインを適用しています。そして、❷で日付の文字列を受け取り、日本時間を考慮した日付表示に変換して文字列を返すformatDate関数を定義してエクスポートしています。

それではこのformatDate関数をDateコンポーネントで使用しましょう。app/components/Date/index.tsxを次のように修正します。

リスト6-1-5　**app/components/Date/index.tsx**

```
import Image from "next/image";
import styles from "./index.module.css";
import { formatDate } from "@/app/_libs/utils"; ──── 追加

（省略）

    <span className={styles.date}>
      <Image src="/clock.svg" alt="" width={16} height={16} loading=⏎
"eager" />
      {date} ──── 削除
      {formatDate(date)} ──── 追加
    </span>
```

これで日本時間に変換する実装が完了しました。改めて表示を確認してみましょう。ブラウザを確認して、図6-1-5のような見た目になっていれば成功です。

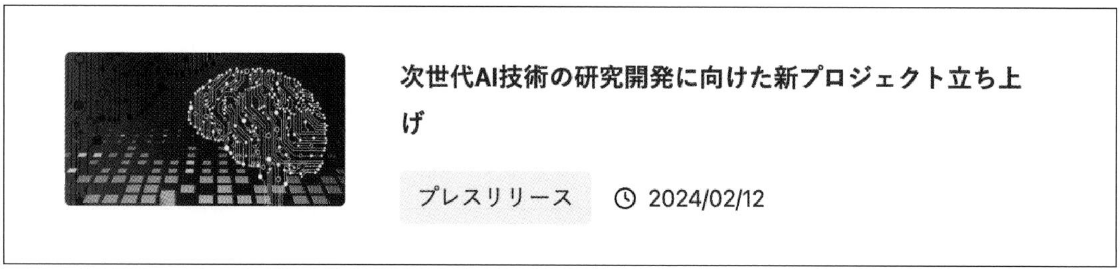
次世代AI技術の研究開発に向けた新プロジェクト立ち上げ
プレスリリース
2024/02/12

図**6-1-5**　日付の表示が修正される

SECTION 6-2 | ニュースの詳細ページを作ってみよう

次に、ニュースの詳細ページを作っていきましょう。

図6-2-1　この節の完成イメージ

　ニュースの一覧ページではlayout.tsxを作成しましたが、ニュースの詳細ページの実装でも同じファイルを使用します。

6-2-1 │ Next.jsでダイナミックルーティングを実装しよう

それでは、ニュースの詳細ページを作成しましょう。news ディレクトリ内に、[slug]というディレクトリを作成して、その 中にpage.tsxとpage.module.cssというファイルを作成します。 この時点では、中身には何も記述しなくて構いません。

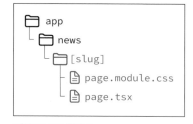

ディレクトリ構成図

ダイナミックルーティング

作成したディレクトリの名前に注目してみると、前後に「[]」が含まれています。これはNext.jsで**ダイナミックルーティング**を行う際のルールです。

ダイナミックルーティングは、**コンテンツの登録にあわせて、そのコンテンツの表示ページへのパスを動的に追加できるルーティングの手法**です。ブログサイトなど、新しいコンテンツ（記事）を追加するたびに、そのコンテンツを表示するページの新しいパスが必要となるようなケースで、効果を発揮します。

今回、ニュースの詳細ページは「/news/ニュースID」というパスで表示します。例えば、「ニュース1」というコンテンツでは「/news/ニュース1」、「ニュース2」のコンテンツでは「/news/ニュース2」……といった具合です。ダイナミックルーティングを適用すると、CMSにニュースのコンテンツを追加したタイミングで、それぞれのニュースの詳細ページのパスを自動的に追加できるようになります。

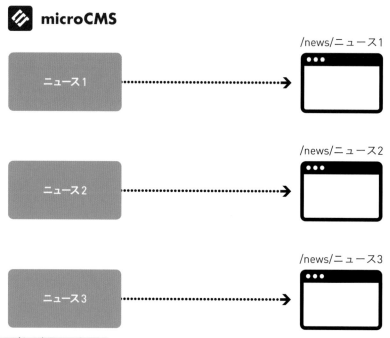

図6-2-2　ニュースごとの表示ページのパス

ニュースの詳細情報の取得

　それでは次にmicroCMSからデータを取得するための関数を作成しましょう。第5章で作成した microcms.tsを開き、getNewsDetailを追加します。

リスト6-2-1　app/_libs/microcms.ts

```
export const getNewsList = async (queries?: MicroCMSQueries) => {

（省略）

};


export const getNewsDetail = async (
  contentId: string,
  queries?: MicroCMSQueries
) => {
  const detailData = await client.getListDetail<News>({
    endpoint: "news",
    contentId,
    queries,
  });
  return detailData;
};
```

追加

　ニュースの一覧を取得したgetNewsListとは異なり、1つのニュース記事のみを取得する関数なので、第一引数にcontentIdという文字列を、第二引数にqueriesを受け取ります。

　それではapp/news/[slug]/page.tsxに戻り、このgetNewsDetailを使用してmicroCMSからデータを取得しましょう。

　先ほど紹介したNext.jsのダイナミックルーティングの機能として、[slug]の部分に当てはまる値を使用することができます。先ほど作成したpage.tsxで次のように記述します。

リスト6-2-2　app/news/[slug]/page.tsx

```
type Props = {
  params: {
    slug: string;
  };
};


export default async function Page(props: Props) {
  return <div>{JSON.stringify(props)}</div>;
}
```

　この状態で、ニュースの詳細ページに移動しましょう。ニュース一覧ページ（http://localhost:3000/news）で、一番上に表示されているニュース記事のリンクをクリックしてください。すると、図6-2-3のような画面が表示されます。

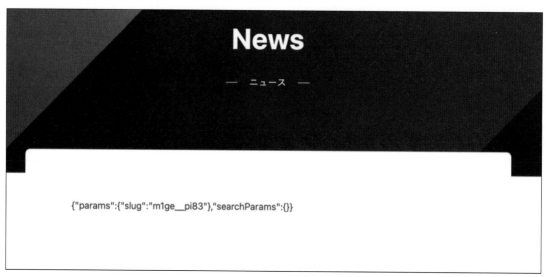

{"params":{"slug":"m1ge__pi83"},"searchParams":{}}

図6-2-3　現時点の詳細ページの表示

　このうち、paramsと書かれた部分を見てみましょう。オブジェクトになっており、その中にslug
というキーがあります。このキーに紐づいている値が、ニュースの詳細ページのパス「/news/[slug]」
における[slug]の部分になります（図6-2-3では、microCMSで自動生成された値が反映されていま
す。そのため、読者の皆さんの操作画面で異なる値になっていても問題ありません）。

　このparamsというオブジェクトを利用して、動的に変わるパスの部分を1つのファイルで実装し
ます。app/news/[slug]/page.tsxを次のように修正します。

リスト6-2-3　app/news/[slug]/page.tsx

```
import { getNewsDetail } from "@/app/_libs/microcms";  ────[追加]

type Props = {
  params: {
    slug: string;
  };
};

export default async function Page({ params }: Props) {  ────[修正]
  return <div>{JSON.stringify(props)}</div>;  ────[削除]
  const data = await getNewsDetail(params.slug);
                                                    ────[追加]
  return <div>{data.title}</div>;
}
```

　再度ブラウザで、ニュース一覧ページ（http://localhost:3000/news）で、一番上に表示されてい
るニュース記事にアクセスし、表示を確認します。ニュース一覧ページで表示されていたタイトルが
表示されれば成功です（図6-2-4）。

次世代AI技術の研究開発に向けた新プロジェクト立ち上げ

図6-2-4　タイトルが表示される

詳細ページの表示を整える

それではこのデータを使用してHTMLを組みましょう。こ
こではまずArticleというコンポーネントを作成し、ニュース
の詳細ページの表示を担当させることにします。これは第4
章で解説したコンポーネント化を検討するタイミングのうち、
「ロジック（処理）が複雑になるとき」が該当します。

_componentsディレクトリ内にArticleディレクトリを作
成します。その中に、index.tsxとindex.module.cssを作成し
てください。index.tsxに次のコードを記述しましょう。

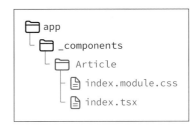

ディレクトリ構成図

リスト6-2-4　app/_components/Article/index.tsx

```tsx
import Image from "next/image";
import type { News } from "@/app/_libs/microcms";
import Date from "../Date";
import Category from "../Category";
import styles from "./index.module.css";

type Props = {
  data: News;
};

export default function Article({ data }: Props) {
  return (
    <main>
      <h1 className={styles.title}>{data.title}</h1>
      <p className={styles.description}>{data.description}</p>
      <div className={styles.meta}>
        <Category category={data.category} />
        <Date date={data.publishedAt ?? data.createdAt} />
```

（次ページへ続く）

```
      </div>
      {data.thumbnail && (
        <Image
          src={data.thumbnail.url}
          alt=""
          className={styles.thumbnail}
          width={data.thumbnail.width}
          height={data.thumbnail.height}
        />
      )}
      <div
        className={styles.content}
        dangerouslySetInnerHTML={{
          __html: data.content,
        }}
      />
    </main>
  );
}
```

　続いて、CSSによるスタイリングを行います。本書ではCSSの記述について、詳細な解説は行いません。次のURLから本書のリポジトリにアクセスし、掲載されているコードをapp/_components/Article/index.module.css にコピー＆ペーストしてください。

URL https://github.com/nextjs-microcms-book/nextjs-website-sample/blob/chapter-6/app/_
components/Article/index.module.css

　指定のURLのページにアクセスすると、図6-2-5のような画面が表示されます。赤枠で示したボタンをクリックすると、該当ファイルの内容がコピーできます。**以降、CSSを記述する場面では、同様にリポジトリのURLを掲載します。ファイルを参照して、適宜コードをコピー＆ペーストしてください。**

図6-2-5　GitHub上の「コピー」ボタン

　コンポーネントの作成ができたので、これをニュースの詳細ページのファイルで使用しましょう。また、ニュースの一覧ページに戻るためのボタンも追加で実装します。news/[slug]ディレクトリの中のpage.tsxを次のように修正します。

リスト6-2-5　app/news/[slug]/page.tsx

```
import { getNewsDetail } from "@/app/_libs/microcms";
import Article from "@/app/_components/Article";
import ButtonLink from "@/app/_components/ButtonLink";    追加
import styles from "./page.module.css";

（省略）

export default async function Page({ params }: Props) {
  const data = await getNewsDetail(params.slug);

  return <div>{data.title}</div>;    削除
  return (
    <>
      <Article data={data} />
      <div className={styles.footer}>
        <ButtonLink href="/news">ニュース一覧へ</ButtonLink>    追加
      </div>
    </>
  );
}
```

　CSSによるスタイリングをします。下記のURLからリポジトリにアクセスし、掲載のコードをapp/news/[slug]/page.module.cssにコピー＆ペーストしてください。

URL https://github.com/nextjs-microcms-book/nextjs-website-sample/blob/chapter-6/app/news/%5Bslug%5D/page.module.css

　ここまでの作業が完了したら、ブラウザでニュース一覧ページ（http://localhost:3000/news）の、一番上に表示されているニュース記事にアクセスし、表示を確認しましょう。節冒頭の完成イメージのような見た目になっていれば、正しく動作しています。

dangerouslySetInnerHTML

　リスト6-2-4でArticleコンポーネントを作成した際、コードの中に「dangerouslySetInnerHTML」という表記がありました。なにやら危険そうな気配がしますが、これは**渡した文字列をそのままHTMLとして表示する**機能を指した表記です。実は、この機能にはセキュリティ的な問題があるため、Reactではあえて危険性を明示する名称をつけ、それを使う開発者に対してリスクに十分注意するように促しているのです。

　「渡した文字列をそのままHTMLとして表示する」機能には、どのような危険性があるのでしょうか。ユーザーが入力した文字列をそのままHTMLとして表示することで、悪意のあるユーザーに仕込まれた不正な攻撃用のスクリプトが実行される可能性があるのです。これによって、Webページを閲覧したユーザーの情報が盗まれたり、Webページ上に偽情報が掲載されたりする危険があります（このような攻撃手法を**クロスサイトスクリプティング攻撃**と呼びます）。

図6-2-6　クロスサイトスクリプティング

それでは、今回dangerouslySetInnerHTMLを使っている箇所に、攻撃を受ける危険性はないのでしょうか。app/_components/Article/index.tsxでは、dangerouslySetInnerHTMLにdata.contentを渡していました。data.contentはmicroCMSに登録したリッチエディタのHTMLデータです。つまり、microCMSに不正ログインされない限り、このデータは信頼できるといえます。

このようにdangerouslySetInnerHTMLを扱う際は、渡されるデータが安全なものかどうかについて、十分に注意し、もし安全ではない可能性があればサニタイズ（※6-1）して無害化してから使用しましょう。

microCMSにおけるAPIキーの権限管理

しかし、microCMSを使用していれば、必ず安全であるとはいえません。microCMSにはWRITE APIという、データの書き込みができるAPIがあります（これまで使用してきたGET APIはデータの読み込みを行うAPIです）。

ブラウザから直接microCMSにリクエストをしている場合、そのために使用するAPIキーは容易に特定できてしまいます。このAPIキーにWRITE権限を付与している場合、これもまた悪意のあるユーザーが不正なスクリプトを仕込む隙ができてしまいます。このように、APIキーができること（権限）

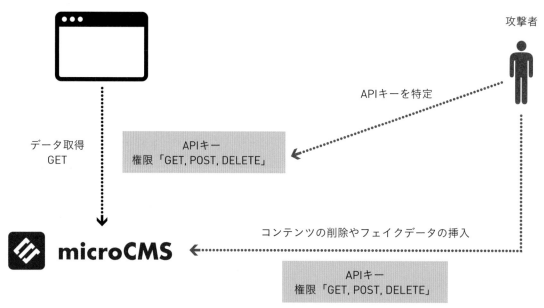

図6-2-7　APIキーを経由した攻撃

※6-1　サニタイズとは、サイバー攻撃につながるような文字を無効化することを指します。例えば、scriptタグを挿入されないように、<>といった特殊文字をHTMLとして認識されない文字列に変換するような処理を行います。

にGET以外の機能が含まれている場合、そのAPIキーが漏洩してしまうことで、microCMSのコンテンツが改ざんされる可能性があります。

　この対策として、microCMSにはAPIキーの権限管理という機能があり、APIキーが漏れたとしてもコンテンツの改ざんを防ぐことができます。

　実際に、APIキーの権限を設定してみましょう。microCMSの管理画面でAPIキー一覧画面に移動します。次のように「○個のAPIキー」という箇所をクリックした後、権限を変更したいAPIキーをクリックします（図6-2-8）。

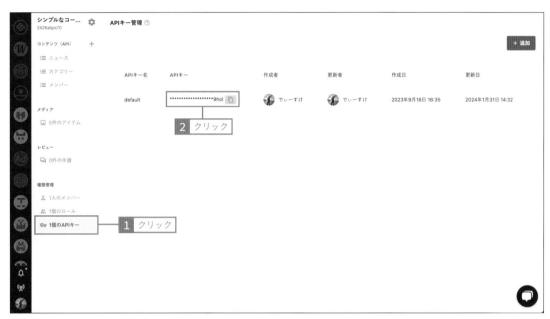

図6-2-8　権限を変更したいAPIキーを選択する

　その後、デフォルト権限のチェックボックスで「GET」のみにチェックを入れて、「変更」をクリックします（図6-2-9）。

図6-2-9　権限を変更する

この変更により、たとえAPIキーが漏れてしまったとしても、攻撃者はコンテンツの取得しかできないため、影響範囲を狭めることができます。

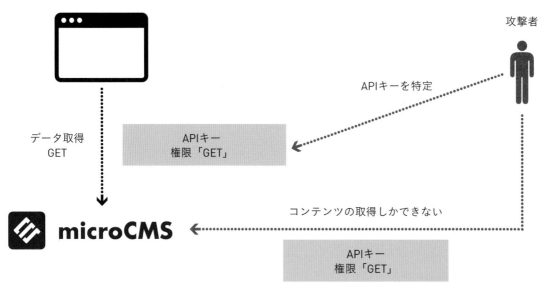

図6-2-10　APIキーが漏洩した際の対策

microCMSのヘルプページにも詳細の記載があります。下記のURLから参照できるので、確認してみることをおすすめします。

URL https://help.microcms.io/ja/knowledge/hide-api-key

ちなみに、本書籍ではAPIキーはサーバーでのみ扱うようにしているため、攻撃者がAPIキーを知ることはできないようになっています。

6-2-2 ｜ Not Found ページに移動させよう

さて、ニュースの詳細ページではURLに指定された[slug]をもとに、microCMSからデータを取得しています。しかし、この[slug]はユーザーがURLに直接入力することもできるため、**microCMSに存在しないニュースのIDが指定されてしまう可能性**があります。

ここでは、存在しないニュースの詳細ページがリクエストされた際に、第4章で作成したNot Foundページが表示されるようにしましょう。app/news/[slug]/page.tsxを次のように修正します。

リスト6-2-6　app/news/[slug]/page.tsx

```
import { notFound } from "next/navigation"; ——— 先頭に追加
import { getNewsDetail } from "@/app/_libs/microcms";
import Article from "@/app/_components/Article";

（省略）

export default async function Page({ params }: Props) {
  const data = await getNewsDetail(params.slug).catch(notFound); ——— 修正

  return (
```

このように getNewsDetail につなげて catch というメソッドを実行します。この catch メソッドによって、getNewsDetail が失敗した場合に実行したい処理を定義できます。ここでは指定された [slug] でデータの取得ができなかったときに、第4章で作成した Not Found ページを表示させるために、Next.js の notFound メソッドを実行しています。

それでは、実際に Not Found ページに移動させられるのか試しておきましょう。先ほど開いていたニュースの詳細ページで、**URLの最後の1文字だけを削除して**、ページを再読み込みします。図6-2-11のように Not Found ページが表示されれば成功です。

ページが見つかりませんでした

あなたがアクセスしようとしたページは存在しません。
URLを再度ご確認ください。

ニュース　　メンバー　　採用情報　　お問い合わせ

© SIMPLE. All Rights Reserved 2023

図6-2-11　**NOTFOUND**ページが表示される

最後に、ここまでの作業内容をコミットし、GitHub にプッシュしましょう。VSCode でターミナルを開き、次のコマンドを順に打ち込んでください。

```
git add .
git commit -m "6章まで完了"
git push origin main
```

下記URLのリポジトリにもここまでのソースコードを置いているので、必要に応じて参照してください。

URL ▶ https://github.com/nextjs-microcms-book/nextjs-website-sample/tree/chapter-6

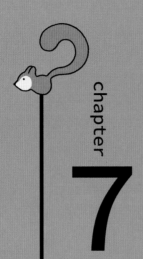

7

ニュースページを
作ってみよう
〜応用的なコンテンツの扱い方〜

第7章では、「カテゴリーページ」「ページネーション」
を実装しながら、応用的なコンテンツの扱い方を学び
ましょう。その他、応用的なテクニックについても解
説します。

カテゴリー分けしてみよう

この節では、紐づいているカテゴリーごとのニュース一覧ページを作成していきましょう。

図7-1-1　この節の完成イメージ

　実装する内容はapp/news/page.tsxとほとんど同じですが、大きく異なる点として、表示するニュースには指定されたカテゴリーが紐づいています。

7-1-1 | カテゴリーリンクを作ろう

まずはカテゴリーページに移動できるように、ニュース詳細ページのカテゴリー部分をリンクにしましょう。

リスト**7-1-1** `app/_component/Article/index.tsx`

```
import Link from "next/link"; ——— 先頭に追加
import Image from "next/image";
import type { News } from "@/app/_libs/microcms";

（省略）

        <div className={styles.meta}>
          <Link ———
            href={`/news/category/${data.category.id}`}
            className={styles.categoryLink}
          > ———
                                                          追加
            <Category category={data.category} />
          </Link> ——— 追加
          <Date date={data.publishedAt || data.createdAt} />
        </div>
```

カテゴリーページのURLは /news/category/カテゴリーID としました。この状態でニュース詳細ページを見てみると、カテゴリー部分がリンクに変わっていてクリックできるようになっています。

7-1-2 | カテゴリーページを作ろう

それでは、このリンクをクリックしたときに、カテゴリーページが表示されるようにしましょう。appディレクトリ内のnewsディレクトリにcategoryディレクトリを作成し、その中に[id]ディレクトリを作成します。_Componentsディレクトリ配下のCategoryディレクトリとは異なる点に注意しましょう。

[id]ディレクトリの中にpage.tsxファイルを作成して、app/news/page.tsxの記述をそのままコピー＆ペーストしましょう。

```
📁 app
  📁 news
    📁 category
      📁 [id]
        📄 page.tsx
```

ディレクトリ構成図

リスト**7-1-2** `app/news/category/[id]/page.tsx`

```
import { getNewsList } from "@/app/_libs/microcms";
import NewsList from "@/app/_components/NewsList";

export default async function Page() {
  const { contents: news } = await getNewsList();

  return <NewsList news={news} />;
}
```

次に、ニュースの詳細ページでも行った、Page関数の第一引数からparamsを受け取る方法で、どのカテゴリーに紐づくニュース一覧を表示すればいいかを決定します。

microCMSではこういった何かの条件に基づいてコンテンツを取得するときは、**filters**というクエリパラメータを使用すると、コンテンツの絞り込みができます。

ここでは「カテゴリーが指定のIDである」という条件のクエリを記述していきましょう。[id]ディレクトリ配下のpage.tsxを、次のように修正します。

リスト**7-1-3** app/news/category/[id]/page.tsx

```
import NewsList from "@/app/_components/NewsList";

type Props = {
  params: {
    id: string;          追加
  };
};

export default async function Page({ params }: Props) {      修正
  const { contents: news } = await getNewsList();      削除
  const { contents: news } = await getNewsList({
    filters: `category[equals]${params.id}`,      追加
  })

  return <NewsList news={news} />;
}
```

これでカテゴリーに紐づくニュースのみを取得できました。一度、ニュースの詳細ページからカテゴリーのタグ部分をクリックしてみましょう（図7-1-2）。

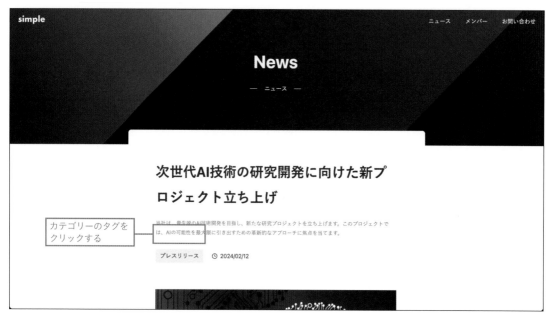

図**7-1-2** カテゴリーのタグをクリックする

図7-1-3のようにカテゴリーに紐づいたニュースが画面に表示されれば、正しく動作しています。

図**7-1-3** カテゴリーのニュース一覧が表示される

7-1-3 | 不正な値が入力されたときの処理

これでカテゴリーごとのニュースの一覧ページが作成できました。しかし、やや不完全な箇所があります。それはparams.idに不正な値が入った場合の処理がないことです。

このparams.idはニュースの詳細ページと同様に、ユーザーがURLに直接入力することも可能なため、microCMSに存在しないカテゴリーのIDが指定されてしまう可能性があります。よって、直接filtersクエリパラメータに渡すのではなく、そのIDが存在するかどうかを確認してから渡すように変更しましょう。

まずはmicroCMSからカテゴリーのコンテンツを取得する関数を作成しておきます。app/_libs/microcms.tsに次のコードを追加します。

リスト**7-1-4 app/_libs/microcms.ts**
```
export const getNewsDetail = async (

(省略)

};


export const getCategoryDetail = async (
  contentId: string,
  queries?: MicroCMSQueries
) => {
  const detailData = await client.getListDetail<Category>({
    endpoint: "categories",
    contentId,
    queries,
  });
  return detailData;
};
```
追加

作成できたらカテゴリーページで使用します。app/news/category/[id]/page.tsxを次のように修正します。

リスト**7-1-5 app/news/category/[id]/page.tsx**
```
import { getCategoryDetail, getNewsList } from "@/app/_libs/microcms";
import { notFound } from "next/navigation";
import NewsList from "@/app/_components/NewsList";

(省略)

export default async function Page({ params }: Props) {
  const category = await getCategoryDetail(params.id).catch(notFound);

  const { contents: news } = await getNewsList({
    filters: `category[equals]${category.id}`,
  });

  return <NewsList news={news} />;
}
```
追加 修正 修正

　このように、まずgetCategoryDetailでparams.idと同じカテゴリーがあるかどうかを確認し、あるようであれば次の処理に進みます。このときに見つからない場合は、catchメソッドのnotFoundによって自動的にNot Foundページに移動するようになっています。
　そして、filtersクエリパラメータに使用していたparams.idもcategory.idに変更しています。この処理に進んでいる以上、idが異なるということはないため、実際はparams.idでも問題はないのですが、正規に取得したデータを使用するという意味でcategoryを使用します。

7-1-4 | どのカテゴリーの一覧ページかわかるようにしよう

　このままでも機能としては完成しているのですが、ニュース一覧ページと見た目が同じままで、現在どのカテゴリーのニュースが表示されているのかがわかりづらいという問題があります。そこで、先ほどgetCategoryDetailで取得したcategoryをもとに、現在のカテゴリーの情報をページ上に表示するようにしましょう。

　app/news/category/[id]/page.tsxを次のように修正します。

リスト**7-1-6　app/news/category/[id]/page.tsx**

```tsx
import NewsList from "@/app/_components/NewsList";
import Category from "@/app/_components/Category";  ── import文の末尾に追加

（省略）

  return <NewsList news={news} />;  ── 削除
  return (                            ┐
    <>                                │
      <p>                             │
        <Category category={category} /> の一覧  ── 追加
      </p>                            │
      <NewsList news={news} />        │
    </>                               │
  );                                  ┘
}
```

　ブラウザで先ほどの「プレスリリース」カテゴリーのニュース一覧ページ（http://localhost:3000/news/category/press-release）にアクセスし、図7-1-4のような見た目になっていれば正しく動作しています。

図7-1-4　カテゴリーが表示される

SECTION 7-2

ページネーション機能を
つけてみよう

次に、ページネーション機能をつけてみましょう。ページごとに適切な量の
ニュースが表示されるように変更します。

よく見かける
UIだよね

図 7-2-1　この節の完成イメージ

　現在のニュース一覧ページは、getNewsList関数を呼び出す際にlimitクエリパラメータを調整しないと、最大10件のニュースしか表示されません。しかし、limitを大幅に増やして1ページあたりに多くのニュース（例えば100件）を表示する方法も、パフォーマンスやユーザビリティの面で望ましいとはいえません。そこで本節では、11件以上のニュースがある場合は、2ページ目へ移動させるようなページネーション機能を実装しましょう。

7-2-1 | ページ番号ごとのページを作ろう

　まずは、ページ番号ごとのニュース一覧のページを作成します。newsディレクトリにpディレクトリを作成し、その中に[current]ディレクトリを作成します。[current]ディレクトリの中に、page.tsxを作成して、app/news/page.tsxの内容をコピー＆ペーストしてください。

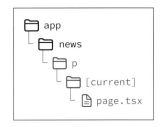

ディレクトリ構成図

リスト**7-2-1**　**app/news/p/[current]/page.tsx**

```
import { getNewsList } from "@/app/_libs/microcms";
import NewsList from "@/app/_components/NewsList";

export default async function Page() {
  const { contents: news } = await getNewsList();

  return <NewsList news={news} />;
}
```

　このページの役割について改めて確認しましょう。例えば、〜/news/p/4のようなURLへアクセスがあった際には、microCMSに登録されているニュースのうち、最新から数えて31〜40番目までのニュースを一覧表示します。つまり、[current]の値をもとにmicroCMSから取得するデータを変更する必要があります。そこで、app/news/p/[current]/page.tsxを次のように修正します。

リスト**7-2-2**　**app/news/p/[current]/page.tsx**

```
import NewsList from "@/app/_components/NewsList";

type Props = {                                          ┐
  params: {                                             │
    current: string;                                    ├ 追加
  };                                                    │
};                                                      ┘

export default async function Page({ params }: Props) {  ── 修正
    const current = parseInt(params.current, 10);        ── 追加
```

（次ページへ続く）

```
  const { contents: news } = await getNewsList();     ────────  削除
  const { contents: news } = await getNewsList({  ─────┐
    limit: 10,                                         │
    offset: 10 * (current - 1),                        ├── 追加
  });  ──────────────────────────────────────────────┘


  return <NewsList news={news} />;
}
```

offset クエリパラメータ

ここでのポイントはoffsetクエリパラメータです。このパラメータは、**コンテンツの取得を開始する位置を変更できます。**offsetが設定されていないときは、最新から10件のコンテンツが取得されますが、例えばoffsetを10に設定すると11件目から20件目までのコンテンツが取得されます。

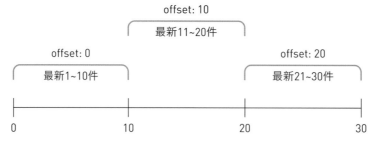

図7-2-2　**offset**と取得できるニュースの関係

今回のケースでは、1ページ目が表示されるときはoffsetを0にし、2ページ目ではoffsetを10にする必要があります。そのため「10 ×（今いるページ番号 -1）」という計算を行うことで、ページ数に対応するoffsetの値を設定しています。

7-2-2 ｜ 不正な値が入力されたときの処理

これで〜/news/p/2のようなURLが指定されたときに適切なニュース一覧が表示されるようになりました。しかし、まだ不完全な箇所があります。

まず、[current]に数字以外の文字列や負の値や0が指定されてしまうと、意図しないクエリパラメータとしてmicroCMSにリクエストされてしまいます。そして、microCMSに登録されているコンテンツの数以上のページにアクセスがあった場合の処理が考慮されていません。

不正な値を判定する条件分岐を追加する

それぞれの課題について、解決していきましょう。

まずは1つ目の課題です。数字以外の文字列に対しては、parseIntが実行されたときにNaN（Not-A-Number「非数」）というものが返却されます。これをチェックすれば、不正な値かどうかを判定できます。そして、負の値や0といった値も、数値の比較をすれば対応できます。

app/news/p/[current]/page.tsxに、次のような条件分岐を追加してみましょう。

リスト7-2-3　app/news/p/[current]/page.tsx

```
import { notFound } from "next/navigation";  ── 先頭に追加
import { getNewsList } from "@/app/_libs/microcms";
import NewsList from "@/app/_components/NewsList";

(省略)

  const current = parseInt(params.current, 10);

  if (Number.isNaN(current) || current < 1) { ┐
    notFound();                                ├ 追加
  }                                            ┘

  const { contents: news } = await getNewsList({
```

　2つ目の課題については、取得したarticlesの配列に1つもコンテンツがなければ、そのページ分のコンテンツは存在しないということになります。app/news/p/[current]/page.tsxに条件分岐を追加しましょう。

リスト7-2-4　app/news/p/[current]/page.tsx

```
    offset: 10 * (current - 1),
  });

  if (news.length === 0) { ┐
    notFound();            ├ 追加
  }                        ┘

  return <NewsList news={news} />;
```

マジックナンバーを修正する

　クリティカルな問題は解決しましたが、さらなる改善点があります。具体的には、この節のコード内で頻繁に使用されている「10」という数字が問題です。これは第5章で説明した「マジックナンバー」に該当します。この数字をapp/_constants/index.tsファイルに定数として定義し、より明確で管理しやすいコードに改善しましょう。

リスト7-2-5　app/_constants/index.ts

```
export const MEMBERS_LIST_LIMIT = 100;
export const TOP_NEWS_LIMIT = 2;
export const NEWS_LIST_LIMIT = 10;  ── 末尾に追加
```

　この変数を今までの実装に適用します。それぞれのファイルを次のように修正してください。

リスト7-2-6　app/news/page.tsx

```
import { getNewsList } from "@/app/_libs/microcms";
import NewsList from "@/app/_components/NewsList";
import { NEWS_LIST_LIMIT } from "@/app/_constants";  ── import文の末尾に追加

(省略)
```

```
export default async function Page() {
  const { contents: news } = await getNewsList();  ──────── 削除
  const { contents: news } = await getNewsList({ ────┐
    limit: NEWS_LIST_LIMIT,                          ├── 追加
  });  ──────────────────────────────────────────────┘

  return <NewsList news={news} />;
}
```

リスト**7-2-7** **app/news/p/[current]/page.tsx**
```
import { notFound } from "next/navigation";
import { getNewsList } from "@/app/_libs/microcms";
import NewsList from "@/app/_components/NewsList";
import { NEWS_LIST_LIMIT } from "@/app/_constants";  ─── import文の末尾に追加

（省略）

  if (Number.isNaN(current) || current < 1) {
    notFound();
  }

  const { contents: news } = await getNewsList({
    limit: NEWS_LIST_LIMIT, ────────────────┐
    offset: NEWS_LIST_LIMIT * (current - 1), ├── 修正
  });
```

リスト**7-2-8** **app/news/category/[id]/page.tsx**
```
import NewsList from "@/app/_components/NewsList";
import Category from "@/app/_components/Category";
import { NEWS_LIST_LIMIT } from "@/app/_constants";  ─── import文の末尾に追加

（省略）

  const category = await getCategoryDetail(params.id).catch(notFound);

  const { contents: news } = await getNewsList({
    limit: NEWS_LIST_LIMIT, ─── 追加
    filters: `category[equals]${category.id}`,
  });

  return (
```

　これで/news/p/2のようなURLが指定された際に、適切なニュース一覧が表示されるようになりました。一度ブラウザのURLバーに直接入力して表示を確認しておきましょう。http://localhost:3000/news/p/2 に移動します。図7-2-3のようにニュース一覧ページでは表示されていなかったニュースが表示されていれば成功です。

図7-2-3　ニュース一覧の2ページ目が表示される

7-2-3 | ページリンクのコンポーネントを作ろう

次に、それぞれの一覧ページに移動できるように、ページ
リンクのコンポーネントを作成しましょう。コンポーネント
の完成形は図7-2-4の通りです。

_componentsディレクトリの配下にPaginationディレク
トリを作成し、その中にindex.tsxとindex.module.cssを作
成します。index.tsxに、次のコードを記述します。

図7-2-4　ページリンクのコンポーネント

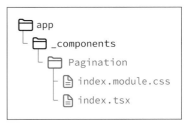
ディレクトリ構成図

リスト7-2-9　app/_components/Pagination/index.tsx

```
type Props = {};

export default function Pagination({}: Props) {
  return <nav></nav>;
}
```

次に、このコンポーネントが受け取るべきpropsを考えてみましょう。このコンポーネントの主な役割は、使用可能なページリンクをユーザーに表示することです。例えば、もし合計45件のニュースコンテンツがある場合、1ページに10件ずつ表示する設定なら、合計で5ページのリンクを表示する必要があります。この機能を実現するためには、最初にニュースコンテンツの合計件数（totalCount）をpropsとして受け取ることが必要です。

リスト**7-2-10** app/_components/Pagination/index.tsx

```
type Props = {
  totalCount: number;  ——————[追加]
};


export default function Pagination({ totalCount }: Props) {  ——————[修正]
  return <nav></nav>;
}
```

次に、実際にリンクを表示するために、totalCountに応じてページ番号の配列を作成します。一旦、次のようにコンポーネント内の記述を変更してみましょう。pagesという変数にページ番号が入った配列を代入します。

リスト**7-2-11** app/_components/Pagination/index.tsx

```
import { NEWS_LIST_LIMIT } from "@/app/_constants";  ——————[先頭に追加]

type Props = {
  totalCount: number;
};


export default function Pagination({ totalCount }: Props) {
  const pages = Array.from(
    { length: Math.ceil(totalCount / NEWS_LIST_LIMIT) },
    (_, i) => i + 1
  );                                                          [追加]


  return <nav></nav>;
}
```

具体的にコードの中身を解説します。

まず、Array.fromという記述があります。これはJavaScriptの組み込み（標準）オブジェクトのメソッドで、第一引数に渡されたオブジェクトから新しい配列を作成する機能を持っています。ここでは、ページ数を計算するために、lengthプロパティを持つオブジェクトを引数として渡しています。

そして、lengthに指定したMath.ceilも同じく組み込みオブジェクトのメソッドです。このメソッドは、与えられた数値を超える最小の整数を返します。今回は、ニュースコンテンツの合計数をページごとの表示数で割った結果の整数部分を求めるために使用しています。

例えば、45個のニュースコンテンツがある場合、1ページに10個表示する設定では、45÷10=4.5となり、Math.ceilは5を返します。これは、ページ番号が1から5までの5ページが必要であることを意味します。

Array.fromの第二引数では作成した配列からインデックスナンバーをプラス1するように指定しています。これにより、1からはじまるページ番号の配列が生成されます。今回のように、lengthプロパティのみを持つオブジェクトでArray.fromを用いて配列を作る場合、配列の各要素はundefinedで初期化されますが、上記の関数により適切なページ番号が設定されます。

```
Array.from({ length: 5 })   [undefined, undefined, undefined, undefined, undefined]

                                 ↓

Array.from({ length: 5 }, (_, i) => i + 1)        [1, 2, 3, 4, 5]
```

図7-2-5　ページ番号の配列を作る

ここまできたらpagesをもとにリンクを作成するだけです。HTML部分を記述していきましょう。

リスト7-2-12　app/_components/Pagination/index.tsx

```
import { NEWS_LIST_LIMIT } from "@/app/_constants";
import Link from "next/link";────────────┐ import文の末尾に追加
import styles from "./index.module.css";──┘

（省略）

export default function Pagination({ totalCount }: Props) {
  const pages = Array.from(
    { length: Math.ceil(totalCount / NEWS_LIST_LIMIT) },
    (_, i) => i + 1
  )

  return <nav></nav>;────────── 削除
  return (
    <nav>
      <ul className={styles.container}>
        {pages.map((p) => (
          <li className={styles.list} key={p}>
            <Link href={`/news/p/${p}`} className={styles.item}>
              {p}
            </Link>
          </li>
        ))}
      </ul>
    </nav>
  );
}
```
（追加）

CSSによるスタイリングを行いましょう。app/_components/Pagination/index.module.cssに、次のURLよりコードをコピー＆ペーストしてください。

URL https://github.com/nextjs-microcms-book/nextjs-website-sample/blob/chapter-7/app/_components/Pagination/index.module.css

これでページ番号ごとのリンクが表示されるコンポーネントが作成できました。ニュース一覧に追加していきましょう。

リスト7-2-13 **app/news/page.tsx**

```
import { getNewsList } from "@/app/_libs/microcms";
import NewsList from "@/app/_components/NewsList";
import Pagination from "@/app/_components/Pagination";    追加
import { NEWS_LIST_LIMIT } from "@/app/_constants";

export default async function Page() {
  const { contents: news, totalCount } = await getNewsList({    修正
    limit: NEWS_LIST_LIMIT,
  });

  return <NewsList news={news} />;    削除
  return (
    <>
      <NewsList news={news} />
      <Pagination totalCount={totalCount} />    追加
    </>
  );
}
```

リスト7-2-14 **app/news/p/[current]/page.tsx**

```
import NewsList from "@/app/_components/NewsList";
import Pagination from "@/app/_components/Pagination";    追加
import { NEWS_LIST_LIMIT } from "@/app/_constants";
(省略)
  const { contents: news, totalCount } = await getNewsList({    修正
    limit: NEWS_LIST_LIMIT,
    offset: NEWS_LIST_LIMIT * (current - 1),
  });
(省略)
  return <NewsList news={news} />;    削除
  return (
    <>
      <NewsList news={news} />
      <Pagination totalCount={totalCount} />    追加
    </>
  );
}
```

7-2-4 ｜ 現在のページ番号がわかるようにしよう

Paginationコンポーネントに少し改良を加えてみましょう。現状の見た目は図7-2-6のようになっています。

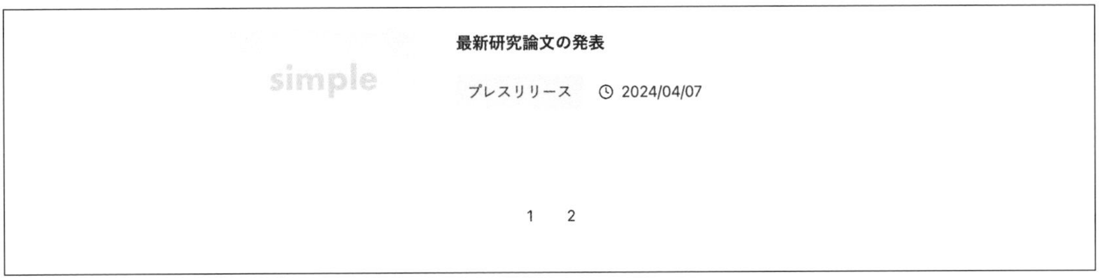

最新研究論文の発表

simple

プレスリリース 🕐 2024/04/07

1　2

図7-2-6　ページの現在地がわかりづらい

この状態だとユーザーは、現在自分がどのページを閲覧しているのかが視覚的にわかりません。よって現在のページがわかるように変更していきます。

まずはpropsで現在のページ、currentを受け取れるようにします。

リスト7-2-15 app/_components/Pagination/index.tsx

```tsx
type Props = {
  totalCount: number;
  current?: number; ──────[追加]
};
                                                                   [修正]
export default function Pagination({ totalCount, current = 1 }): Props) {
```

currentは指定しなくても機能する設計とし、デフォルトに1を指定しておきます。それでは、このcurrentを使用してHTML部分も変更していきます。

リスト7-2-16 app/_components/Pagination/index.tsx

```tsx
        {pages.map((p) => (
          <li className={styles.list} key={p}>
            <Link href={`/news/p/${p}`} className={styles.item}>
              {p}                                                  [削除]
            </Link>
            {current !== p ? (
              <Link href={`/news/p/${p}`} className={styles.item}>
                {p}
              </Link>
            ) : (                                                  [追加]
              <span className={`${styles.item} ↵
${styles.current}`}>{p}</span>
            )}
          </li>
        ))}
```

ニュース一覧ページ（/news）を確認してみると、図7-2-7のように現在のページが黒い背景で表示され、視覚的にわかりやすくなりました。

図7-2-7 現在のページを示すコンポーネント

ページ番号ごとのページネーションコンポーネントにcurrentを渡すように変更しましょう。

リスト7-2-17 app/news/p/[current]/page.tsx

```tsx
  return (
    <>
      <NewsList news={news} />
      <Pagination totalCount={totalCount} current={current} />  ——— 修正
    </>
  );
```

7-2-5 | カテゴリーページにページネーション機能を実装しよう

次はカテゴリーページにもページネーション機能を追加しましょう。まずは、categoryディレクトリ内の[id]ディレクトリに、pディレクトリ、その中に[current]ディレクトリを作成します。作成した[current]ディレクトリの中に、page.tsxを作成してapp/news/p/[current]/page.tsxの内容をコピーします。

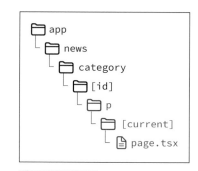

ディレクトリ構成図

リスト7-2-18 app/news/category/[id]/p/[current]/page.tsx

```tsx
import { notFound } from "next/navigation";
import { getNewsList } from "@/app/_libs/microcms";
import NewsList from "@/app/_components/NewsList";
import Pagination from "@/app/_components/Pagination";
import { NEWS_LIST_LIMIT } from "@/app/_constants";

type Props = {
  params: {
    current: string;
  };
```

```
};

export default async function Page({ params }: Props) {
  const current = parseInt(params.current, 10);

  if (Number.isNaN(current) || current < 1) {
    notFound();
  }

  const { contents: news, totalCount } = await getNewsList({
    limit: NEWS_LIST_LIMIT,
    offset: NEWS_LIST_LIMIT * (current - 1),
  });

  if (news.length === 0) {
    notFound();
  }

  return (
    <>
      <NewsList news={news} />
      <Pagination totalCount={totalCount} current={current} />
    </>
  );
}
```

　カテゴリーに紐づくニュースのみを表示するため、app/news/category/[id]/page.tsxと同様に処理を追加していきます。

リスト**7-2-19**　**app/news/category/[id]/p/[current]/page.tsx**

```
import { notFound } from "next/navigation";
import { getCategoryDetail, getNewsList } from "@/app/_libs/microcms"; ── 修正
import NewsList from "@/app/_components/NewsList";

(省略)

type Props = {
  params: {
    id: string; ──[追加]
    current: string;
  };
};

(省略)

  if (Number.isNaN(current) || current < 1) {
    notFound();
  }
```

（次ページへ続く）

```
  const category = await getCategoryDetail(params.id).catch(notFound); ───┐
                                                                         追加
  const { contents: news, totalCount } = await getNewsList({
    filters: `category[equals]${category.id}`, ───┤ 追加 │
    limit: NEWS_LIST_LIMIT,
    offset: NEWS_LIST_LIMIT * (current - 1),
  });
```

ただし、今の状態だとページネーションのリンク先が/news/p/2となっており、カテゴリーページのページ番号には移動できません。そのため、Paginationコンポーネントに変更を加えましょう。

リスト7-2-20 app/_components/Pagination/index.tsx

```
type Props = {
  totalCount: number;
  current?: number;
  basePath?: string; ───┤ 追加 │
};

export default function Pagination({ ───┐
  totalCount,                           │
  current = 1, ───┤ 末尾にカンマを追加 │      ├─── 改行を追加
  basePath = "/news", ───┤ 追加 │          │
}: Props) { ──────────────────────────────┘
  const pages = Array.from(

(省略)

        {pages.map((p) => (
          <li className={styles.list} key={p}>
            {current !== p ? (
              <Link href={`${basePath}/p/${p}`} className={styles.item}> ──┐
                {p}                                                      修正
              </Link>
```

このように、basePathというpropsを受け取れるようにしておき、カテゴリーページではこれを指定するように変更します。

リスト**7-2-21** `app/news/category/[id]/page.tsx`

```
import NewsList from "@/app/_components/NewsList";
import Pagination from "@/app/_components/Pagination";  ──[追加]
import Category from "@/app/_components/Category";

(省略)

  export default async function Page({ params }: Props) {
  const category = await getCategoryDetail(params.id).catch(notFound);

  const { contents: news, totalCount } = await getNewsList({  ──[修正]
    limit: NEWS_LIST_LIMIT,
    filters: `category[equals]${category.id}`,

(省略)

  return (
    <>
     <p>
      <Category category={category} /> の一覧
     </p>
     <NewsList news={news} />
     <Pagination
       totalCount={totalCount}
       basePath={`/news/category/${category.id}`}   ──[追加]
     />
    </>
  );
}
```

リスト**7-2-22** `app/news/category/[id]/p/[current]/page.tsx`

```
      <Pagination
        totalCount={totalCount}        ──[改行]
        current={current}
        basePath={`/news/category/${category.id}`}  ──[追加]
      />
```

これで通常のニュース一覧ページ、カテゴリーのニュース一覧ページの両方にページネーションを追加することができました。

コンテンツの数が増えてもこれで安心だね！

従来の「ヘッドレスではないCMS」では、基本的に下書きコンテンツのプレビュー機能が付随しています。しかし、microCMSなど「ヘッドレスCMS」の場合、**プレビュー機能は自前で実装する必要があります。**

とはいえ、6-2節で実装した詳細ページに少し手を加えるだけで下書きコンテンツのプレビューは可能です。

7-3-1 | microCMSの画面プレビュー機能の流れ

実装に入る前にmicroCMSにおけるプレビューの流れを確認しましょう。

①**コンテンツの作成**：microCMSの管理画面でコンテンツを下書きで作成する

②**プレビューボタンのクリック**：管理画面にある「画面プレビュー」ボタンをクリックする。このボタンは、あらかじめ設定したプレビューパスにリンクされる

図**7-3-1** 「画面プレビュー」ボタン

③**プレビューパスに移動**：設定されたプレビューパスに移動する

④**コンテンツの表示**：フロントエンドのプレビューページでmicroCMSの下書きコンテンツを取得し、公開コンテンツと同様に表示する

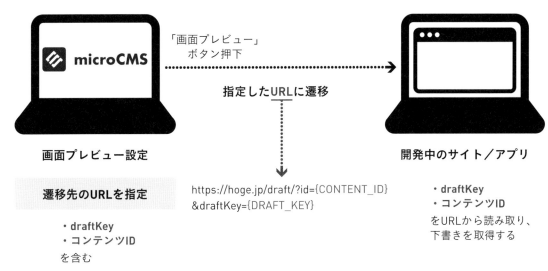

図7-3-2 プレビューの流れ

このようにmicroCMS側ではプレビュー先のURLを指定できるのみで、それ以降の実装については関知しません。

7-3-2 | microCMS側の設定をしよう

それではまず、microCMSの管理画面でプレビュー先のURLを設定しましょう。左のサイドバーから「ニュース」のコンテンツ一覧をクリックし、画面右上のAPI設定をクリックします（図7-3-3）。

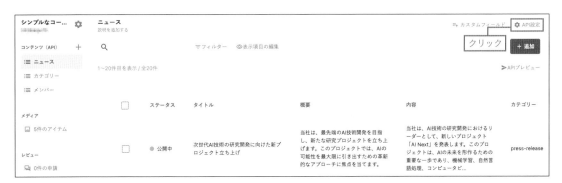

図7-3-3 「API設定」を開く

次に、メニューから「画面プレビュー」をクリックします（図7-3-4）。

図7-3-4 「画面プレビュー」をクリック

すると、図7-3-5のように「遷移先URL」と「画面プレビューボタンの表示」の変更ができる画面が表示されます。

図7-3-5 画面プレビューの設定画面

このうち、「画面プレビューボタンの表示」についてはデフォルトでONになっています。そのままの設定で構いません。

「遷移先URL」が、画面プレビューボタンをクリックしたときに表示されるURLです。URLには{CONTENT_ID}と{DRAFT_KEY}という文字列を入れる必要があります。これらは、画面プレビューボタンが押されたページの「コンテンツID」と「下書きキー」が自動的に入ります。

今回、実装する画面プレビューでは記事詳細ページ（/news/[slug]/page.tsx）を使用します。URLクエリパラメータを活用することで、下書きコンテンツを表示するか、本番のコンテンツを表示するか、ユーザーが確認できるようにします。

入力エリアに「http://localhost:3000/news/{CONTENT_ID}?dk={DRAFT_KEY}」を入力して、「変更する」ボタンをクリックしましょう（図7-3-6）。

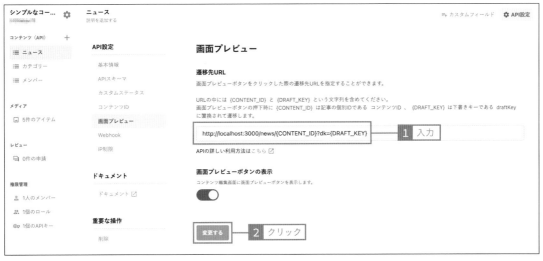

図7-3-6　画面プレビューを設定する

7-3-3 | プレビューページを作ろう

次に、このURLに遷移したときに表示されるページの実装をしていきましょう。

app/news/[slug]/page.tsxを開いて、URLクエリパラメータが指定されていた場合の処理を追加します。

リスト7-3-1　app/news/[slug]/page.tsx

```
type Props = {
  params: {
    slug: string;
  };
  searchParams: {
    dk?: string;           ─── 追加
  };
};

export default async function Page({ params, searchParams }: Props) {  ─── 修正
  const data = await getNewsDetail(params.slug, {
    draftKey: searchParams.dk,                                          ─── 修正
  }).catch(notFound);
```

このように、Page関数の引数でsearchParamsを使用できます。そのうち、dkというキーの値をmicroCMSのリクエストに含めることで、下書きコンテンツが取得できます。

またURLクエリパラメータにdkがない場合（つまり、通常のユーザーが記事詳細ページを閲覧する場合）は、searchParams.dkはundefinedとなっています。そのため公開データのみが取得されます。

7-3-4 | 画面プレビューの動作を確認しよう

　それでは、実際に管理画面から画面プレビューを確認してみます。まずは左のサイドバーから「ニュース」のコンテンツ一覧をクリックし、「追加」ボタンを押します（図7-3-7）。新たにコンテンツを作成する必要があるためです。

図7-3-7　「追加」ボタンをクリックする

　タイトルと概要、内容を適当に入力したら、「下書き保存」ボタンをクリックします（図7-3-8）。

図7-3-8　「下書き保存」ボタンをクリックする

コンテンツを下書き状態で作成できたら、「画面プレビュー」をクリックしてみましょう（図7-3-9）。

図7-3-9　「画面プレビュー」をクリックする

図7-3-10のように下書きコンテンツの内容が表示されたら成功です。

図7-3-10　画面プレビューが表示される

今回は開発サーバー（localhost）を画面プレビュー先のURLに指定していますが、実際の運用では、第8章で扱うVercelでのURLを指定してください。

SECTION 7-4 | 検索機能をつけてみよう

この節では、複数あるコンテンツから特定のコンテンツを探すための検索機能
を追加してみましょう。

現時点ではニュース一覧ページに掲載されている記事は数ページ分のみですが、記事数が増える
と、目的の記事を探しやすくする機能が必要になるかもしれません。そこで、**キーワード検索ができ
る検索機能**を実装してみましょう。

検索機能の仕様としては以下を想定します。

- ニュース一覧ページ（/news）と検索結果（/news/search）ページに検索フィールドを設置する
- 検索フィールドは入力したのち /news/search?q={入力したテキスト} に移動するようにする

7-4-1 | 検索フィールドのコンポーネントを作ろう

まずは検索フィールドのコンポーネントを作成します。
_componentsディレクトリの配下にSearchFieldディレ
クトリを作成し、その中にindex.tsxとindex.module.css
を作成します。index.tsxに、次のコードを記述しましょう。

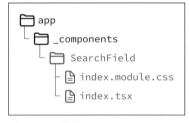

ディレクトリ構成図

リスト**7-4-1** app/_components/SearchField/index.tsx

```tsx
import Image from "next/image";
import styles from "./index.module.css";

export default function SearchField() {
  return (
    <form className={styles.form}>
      <label className={styles.search}>
        <Image src="/search.svg" alt="検索" width={16} height={16} ↵
loading="eager" />
        <input
          type="text"
          name="q"
          placeholder="キーワードを入力"
          className={styles.searchInput}
        />
      </label>
    </form>
  );
}
```

CSSによるスタイリングをします。app/_components/SearchField/index.module.cssに、次の
URLからコピーしたコードをペーストしてください。

URL https://github.com/nextjs-microcms-book/nextjs-website-sample/blob/chapter-7/app/_
components/SearchField/index.module.css

このコンポーネントをニュース一覧ページに追加します。

リスト**7-4-2** app/news/page.tsx
```
import Pagination from "@/app/_components/Pagination";
import SearchField from "@/app/_components/SearchField"; ———— 追加
import { NEWS_LIST_LIMIT } from "@/app/_constants";

（省略）

  return (
    <>
      <SearchField /> ———— 追加
      <NewsList articles={articles} />
      <Pagination totalCount={totalCount} />
```

それでは、画面を確認してみましょう。ブラウザでhttp://localhost:3000/newsにアクセスしてく
ださい。ニュースの表示部分の上に検索フィールドを配置することができました（図7-4-1）。

図**7-4-1** 検索キーワードの入力欄が表示される

7-4-2 | 検索機能を実装しよう

次に、ユーザーの入力に基づいて検索を行う機能の実装を進めましょう。具体的には「ユーザーが
入力した値を含むURLへ移動」できるようにします。Next.jsでは、Linkコンポーネント以外にも、
ページ遷移を行う方法が存在します。今回のケースでは、ユーザーが検索操作を行った結果として、
特定のページへと移動する流れを作ります。

next/navigationからuseRouterを使用します。これを使用することでLinkコンポーネントを使わ
ずにプログラムの中でNext.jsのルートを変更できます。

リスト**7-4-3** app/_components/SearchField/index.tsx

```tsx
"use client"; ——————【追加】

import Image from "next/image";
import { useRouter } from "next/navigation"; ——————【追加】
import styles from "./index.module.css";

export default function SearchField() {
  const router = useRouter(); ——————【追加】

  const handleSubmit = (e: React.FormEvent<HTMLFormElement>) => {
    e.preventDefault(); ——————————————————————————❶
    const q = e.currentTarget.elements.namedItem("q"); ——————❷
    if (q instanceof HTMLInputElement) {
      const params = new URLSearchParams(); ——————————————❸  【追加】
      params.set("q", q.value.trim()); ——————————
      router.push(`/news/search?${params.toString()}`); ——❹
    }
  }; ——————————————————————————

  return (
    <form onSubmit={handleSubmit} className={styles.form}> ——————【修正】
      <label className={styles.search}>
```

handleSubmitという関数を定義してformタグのsubmitイベントに登録しています。それでは handleSubmitの中身を1つずつ見ていきましょう。

まずe.preventDefault()を呼び出しています（❶）。これはフォームのsubmitイベントが通常行う、 「指定されたURLへフォームの内容を送信する」というデフォルトの動作をキャンセルするためです。 例えば、お問い合わせページでユーザーが入力したフォームの内容を、サーバーに送信する場合には デフォルトの動作が利用されます。しかし、今回のようにページ遷移を自分たちで制御する場合、 e.preventDefault()を実行して、このデフォルト動作をキャンセルする必要があります。

次に、e.currentTarget.elements.namedItem("q")を使用して、input要素を取得します（❷）。こ の処理では、ユーザーが入力した値を取得する必要があります。そのために、submitイベントから直 接入力要素を参照しています。そして、if (q instanceof HTMLInputElement)の部分でHTMLInput Elementであることを確認したのち、根幹の部分の処理をしています。

そして、new URLSearchParams()を実行してparamsという変数に格納しています（❸）。この URLSearchParamsは、WebAPIの1つでURLクエリパラメータの操作に役立ちます。今回、遷移先 のURLクエリパラメータにはユーザーが入力した値を使用します。ただし、そのままではURLに使用 できない文字が含まれる場合があるため、この解決にも役立ちます。

最後に、先ほどsubmitイベントから辿って取得したinput要素のvalueプロパティをparamsの qというキーにセットして、router.pushメソッドによりページ遷移をしています（❹）。

フォームイベントの
デフォルト動作を
キャンセル ┈┈➤ 入力された
値を取得 ┈┈➤ 検索ページに
移動

図7-4-2　handleSubmitの処理の流れ

7-4-3 ｜ 検索結果ページを作ろう

　これで/news/search?q=というページに遷移する準備ができました。遷移先のページも作成していきましょう。app/newsディレクトリの配下にsearchディレクトリを作成し、その中にpage.tsxとpage.module.cssを作成します。page.tsxに、次のコードを記述しましょう。

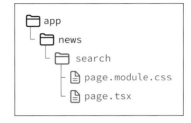

ディレクトリ構成図

リスト7-4-4　app/news/search/page.tsx

```
import { getNewsList } from "@/app/_libs/microcms";
import { NEWS_LIST_LIMIT } from "@/app/_constants";
import NewsList from "@/app/_components/NewsList";
import SearchField from "@/app/_components/SearchField";

type Props = {
  searchParams: {
    q?: string;
  };
};

export default async function Page({ searchParams }: Props) {
  const { contents: news } = await getNewsList({
    limit: NEWS_LIST_LIMIT,
    q: searchParams.q,
  });

  return (
    <>
      <SearchField />
      <NewsList news={news} />
    </>
  );
}
```

　内容はニュース一覧ページとほぼ同じですが、一部、CMSからのデータ取得の箇所で異なる部分があります。次に示す部分を見てみましょう。

```
const { contents: news } = await getNewsList({
  limit: NEWS_LIST_LIMIT,
  q: searchParams.q,        ┌─ searchParams.qを使用してmicroCMSにリクエストする
});
```

　第一引数にはオブジェクトを指定していますが、そのうちqというキーにURLクエリパラメータに
指定されたqの値（URLクエリパラメータに指定されたqの値：searchParams.q）をセットしていま
す。
　この第一引数に指定しているqはmicroCMSのAPIで使用できる、キーワード検索のためのパラメ
ータで、全文検索が可能です。今回の要件ではこのパラメータを使用するのが適切です。
　ここまでできたら、ブラウザでhttp://localhost:3000/newsにアクセスし、実際に検索をしてみま
しょう。入力欄にキーワードを入力して、[Enter] キーを押します。今回は「プロジェクト」という
キーワードを入力してみましょう。次のように検索結果のニュース一覧が表示されれば成功です。

図7-4-3　キーワード「プロジェクト」の検索結果

7-4-4 | 検索体験を改善しよう

このままでも仕様は達成されていますが、改善できる点があります。図7-4-3を見ると、入力した値がページ遷移後には消えてしまっています。このままでは、キーワードを修正して再度検索をしたいと思ったときに1から入力をし直さなくてはいけません。

これを改善するために、URLクエリパラメータのqキーに値がある場合は、input要素のdefaultValueにセットするという実装をしましょう。

リスト7-4-5　app/_components/SearchField/index.tsx

```
import Image from "next/image";
import { useRouter, useSearchParams } from "next/navigation"; ──修正
import styles from "./index.module.css";

export default function SearchField() {
  const router = useRouter();
  const searchParams = useSearchParams(); ──追加

  const handleSubmit = (e: React.FormEvent<HTMLFormElement>) => {
（省略）

        <input
          type="text"
          name="q"
          defaultValue={searchParams.get("q") ?? undefined} ──追加
          placeholder="キーワードを入力"
          className={styles.searchInput}
        />
```

この状態でもう一度ニュース一覧ページに戻り、同じように「プロジェクト」のキーワードで検索してみます。検索フィールドに入力した値が残っていれば正しく動作しています（図7-4-4）。

図7-4-4　検索キーワードが残っている

7-4-5 | useSearchParamsを使用したときの注意点

　今回の実装には注意点があります。useSearchParamsを使用したコンポーネントがレンダリングされると、それを使用した箇所がすべてクライアントコンポーネントになってしまいます。これは第4章で紹介した通り（117ページ）で、クライアントコンポーネントはサーバーコンポーネントと比べるとパフォーマンスの観点でデメリットがあります。そのため、クライアントコンポーネントにする範囲をこの検索コンポーネントだけにするため、少し修正を加えます。

リスト**7-4-6　app/_components/SearchField/index.tsx**

```
import { useRouter, useSearchParams } from "next/navigation";
import styles from "./index.module.css";
import { Suspense } from "react";          ————  追加

export default function SearchField() {    ————  修正
function SearchFieldComponent() {          ————  追加
  const router = useRouter();
  const searchParams = useSearchParams();

（省略）

    </form>
  );
}


export default function SearchField() {  ┐
  return (                               │
    <Suspense>                           │
      <SearchFieldComponent />           ├——  追加
    </Suspense>                          │
  );                                     │
}                                        ┘
```

　元々エクスポートしていたコンポーネント部分のエクスポートを廃止して、新たにSearchFieldを宣言した上でエクスポートしています。新たなコンポーネントではSuspenseというコンポーネントをReactからインポートして使用しています。これにより、SearchFieldComponentでuseSearchParamsを使用した影響が、それより外に広がるのを抑えられています。

　それでは最後に、ここまでの作業内容をコミットし、GitHubにプッシュしましょう。VSCodeでターミナルを開き、下記コマンドを順に打ち込んでください。

```
git add .
git commit -m "7章まで完了"
git push origin main
```

　下記リポジトリにもここまでのソースコードを置いているので、必要に応じてご活用ください。

URL https://github.com/nextjs-microcms-book/nextjs-website-sample/tree/chapter-7

8

キャッシュを活用して
サイトのパフォーマンスを
高めよう

第8章では大まかに次の3つのことを行います。まず、
サイトを外部公開し、誰でもアクセスできる状態にし
ます。そして、キャッシュを活用してサイトのパフォー
マンスを向上させます。最後に、サイトに認証をかけ、
パスワードを知っている人のみがアクセスできるよう
にします。

Vercelにデプロイしよう

ここまで作成してきたサイトを、ホスティングサービスにデプロイして外部に公開してみましょう。

　Next.jsの機能をフル活用するために、まずはVercelというホスティングサービスにデプロイを行います。VercelはNext.jsの開発元であるVercel社が提供しているサービスで、Next.jsとの相性は抜群です。

URL▶ https://vercel.com/

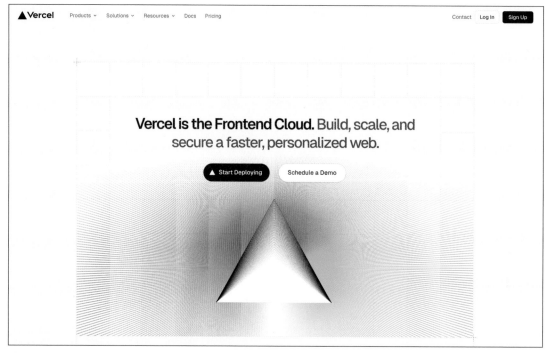

図8-1-1 Vercel

 デプロイとは？

デプロイとは、Webアプリケーションやシステムを実際の運用環境に導入することを指します。デプロイを行うことで、開発環境で作ったWebサイトを一般公開し、世界中の人々がアクセスできるようになります。

いよいよサイトを
公開するよ！
ワクワクするね

8-1-1 | Vercelにアカウント登録しよう

まだアカウントを持っていない場合、下記のURLよりアカウント登録をしましょう。

URL https://vercel.com/signup

執筆時点（2024年6月）では、最初にプランを選択する画面が表示されますが、今回はチュートリアルとして利用するため、Hobbyプランを選択します。実際に、ご自身のサービスで商用利用する場合はProプランを選択する必要があります。プランの料金についてはVercelの料金ページをご確認ください。

その後、GitHubのアカウントとの連携を行います。これまで各章の最後に作業内容をコミットし、GitHubにプッシュしてきました。そのGitHubリポジトリを持っているアカウントと連携しましょう。

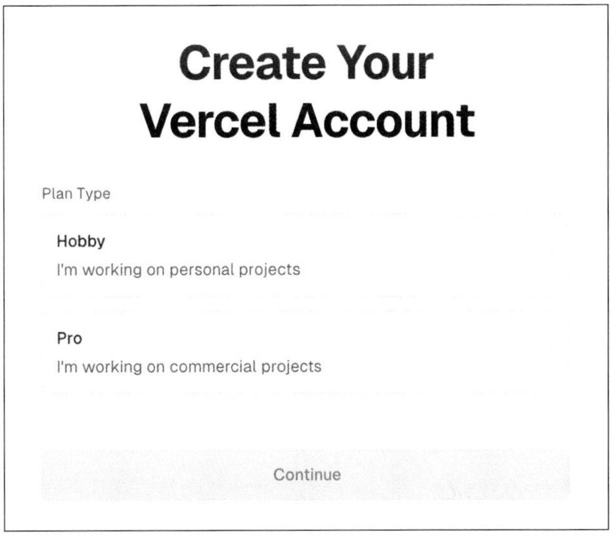

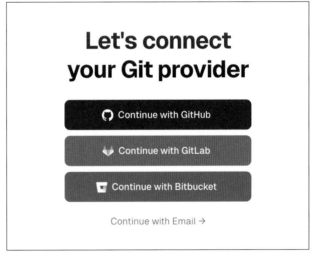

図8-1-2　アカウント登録画面

図8-1-3　**GitHub**のアイコンを選択する

8-1-2 | プロジェクトを作ろう

Vercelにログインした後は、サイトやアプリケーション単位で「**プロジェクト**」を作成します。まずは今回作成したリポジトリを見つけ、横にある「Import」ボタンをクリックします（図8-1-4）。

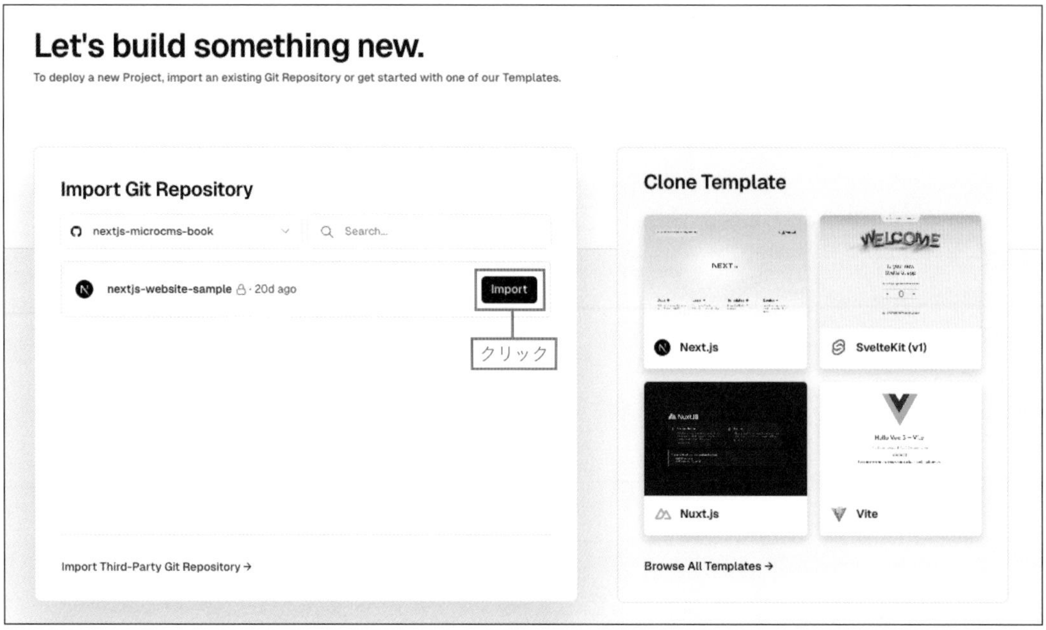

図8-1-4 「**Import**」ボタンをクリック

すると、図8-1-5のようなプロジェクトの設定画面が表示されます。

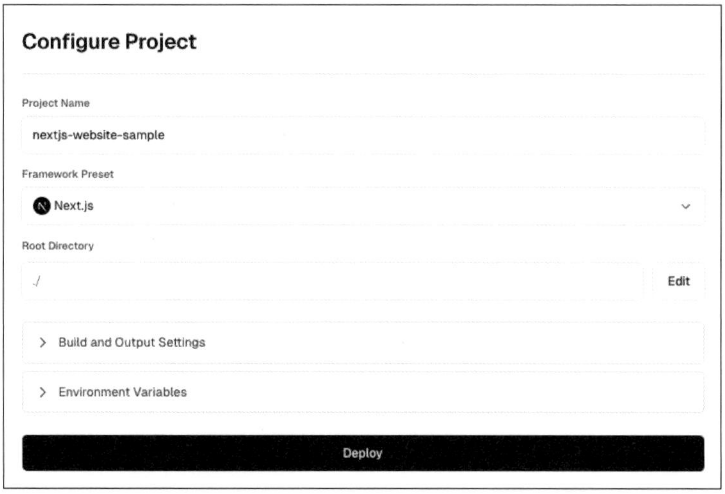

図8-1-5 プロジェクトの設定画面

「Environment Variables」の部分を開き、環境変数を設定していきます。「Build and Output Settings」の部分は変更の必要はありません。

これまでローカル環境ではルートディレクトリ（app や public と並列の最上位階層）にある.env.local ファイルにて環境変数の管理をしてきました。しかし、このファイルは.gitignore で、Git では管理しないファイルと設定されています。環境変数には秘密の文字列が含まれていることが多く、GitHub リポジトリを通じて漏洩してしまう恐れがあるからです。

環境変数が Git の管理外であるため、Vercel 側は環境変数の把握ができません。そこで、Vercel 自体に直接環境変数を入力する枠が用意されているというわけです。

リスト8-1-1 **.gitignore**

```
# local env files
.env*.local
```

「Environment Variables」のKeyに「MICROCMS_API_KEY」と「MICROCMS_SERVICE_DOMAIN」を設定し、それぞれのValueに.env.localに記載されている値を設定します。KeyとValueを入力したら、「Add」ボタンをクリックすると設定の追加ができます（図8-1-6）。

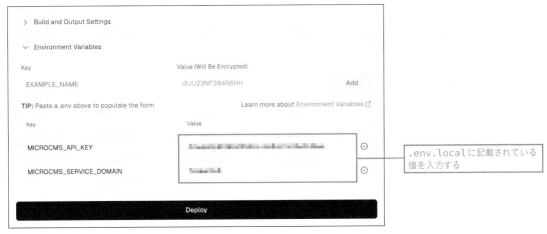

図8-1-6　「Environment Variables」の設定

これにより、Vercel側でもmicroCMSのAPIキーとサービスドメインを把握することができるようになり、無事ビルドを行うための準備が完了しました。

「Deploy」ボタンを押して、ビルドとデプロイを開始してみましょう。特にエラーが起きなければ1分程度でデプロイが完了し、サイトが公開されます（図8-1-7）。

図8-1-7　サイトが公開される

サイトのプレビュー部分をクリックすると、VercelにホスティングされたURLに遷移し、実際に動作確認をすることができます。先ほど設定した環境変数によって、microCMSとも連携されています。

しかし、現時点では実際にmicroCMSの管理画面からコンテンツを操作してみてもVercelにデプロイされたサイトは更新されません。これはNext.jsのレンダリング方式に起因するもので、次の節で詳しく解説していきます。

SECTION 8-2 | キャッシュについて学ぼう

キャッシュの知識は、Webページの高速化には不可欠です。この節でしっかりと身につけておきましょう。

8-2-1 | キャッシュとは

キャッシュとは、一言でいうと「**データの一時的な保存場所**」のことを指します。

図書館を利用するシーンを具体例として考えてみましょう。あなたが大きな図書館で本を読むことになったとします。しかし、毎回本を読むたびに、遠くの棚からその本を取りに行くのは大変です。そこで、あなたは自分の机の上に小さな本棚（キャッシュ）を設置し、最近読んだ本やよく読む本をそこに置いておくことにしました。次にその本を読みたくなったとき、遠くの本棚まで行く必要がなく、手元の小さな本棚からすぐに取り出せるので、非常に便利です。

机の上の本棚　　　　　　　　　　　　　　　　　　　　　　　遠くの本棚

すぐに取れる　　　　　　取りに行くのが大変

図8-2-1　キャッシュのイメージ

これがキャッシュの役割です。コンピュータの世界でも、よく使うデータや最近使ったデータを一時的にキャッシュという場所に保存しておき、次にそのデータが必要になったときにすぐにアクセスできるようにしています。これにより、コンピュータの動作がスムーズになり、効率的にデータを処理することができます。

キャッシュは、Webブラウジングやアプリケーションの動作、CPUの動作など、さまざまな場面で利用されています。まとめると、キャッシュはデータのアクセスを高速化するための一時的な保存場所としての役割を果たしています。

8-2-2 | キャッシュの種類

一番身近なものとしては、**ブラウザキャッシュ**があります。ブラウザキャッシュはブラウザが訪れたWebページの静的データ（画像やスタイルシート、スクリプトなど）を一時的に保存しておく場所です。

ブラウザはユーザーが見ている画面そのものなので、ブラウザキャッシュは最も高速なキャッシュといえます。逆にいうと、サーバーからは最も遠いので、サービス提供者の視点では最もコントロールしづらいキャッシュともいえるでしょう。

一方で、本書のチュートリアルで重要になってくるのは**CDN（Content Delivery Network）キャッ**

シュです。

　キャッシュについて特に何も考慮しない場合、ブラウザからサーバーに直接リクエストを送り、サーバーからブラウザにレスポンスが返ってきます（図8-2-2）。

図8-2-2　ブラウザとサーバーの通信

　データ本体が格納されているオリジンサーバーは、ユーザーの現在地から物理的に遠い位置にある場合があります。そこで、より近い位置にあるサーバーを活用し、データがより速くブラウザの元に届くようにする仕組みとして**CDN**があります。

　CDNは世界中に分散されたサーバーネットワークを使って、ユーザーにできるだけ近いサーバーにコンテンツを複製して配置するシステムです（図8-2-3）。これにより、ユーザーがコンテンツをダウンロードする際の遅延を減少させます。CDNのサーバーは、一般的には静的なコンテンツ（画像、HTML、CSS、JavaScriptファイルなど）をキャッシュします。CDNの一部として機能する個々のサーバーをエッジサーバーとも呼びます。

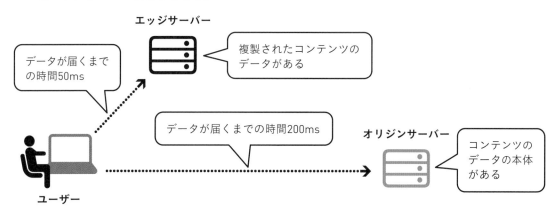

図8-2-3　CDN

　実際にデータのキャッシュはどのように使われるのでしょうか。まず、ブラウザはCDNに対してリクエストを投げます。CDNにキャッシュが存在している場合は、そのキャッシュをブラウザに返却します（図8-2-4）。

図8-2-4　キャッシュの仕組み

キャッシュがない場合、オリジンサーバーからデータを取得し、その際にキャッシュを保存します。次回以降、ブラウザからリクエストがきた場合はキャッシュを返却します（図8-2-5）。

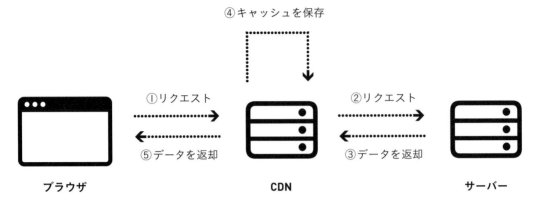

図8-2-5　キャッシュがない場合

第8章ではこのCDNキャッシュの
効率的な活用方法を解説するよ！

8-3 さまざまなレンダリング方式について学ぼう

Next.jsの力を十分に引き出すためにWebページのレンダリング方式について学んでいきましょう。

Next.jsにおいて、キャッシュはどのように制御されているのでしょうか。Next.jsはVercel社が開発しているフレームワークのため、先に紹介したVercelと非常に相性がよいです。VercelはCDNとWebサーバーが組み合わさったサービスとなっており、Next.jsのソースコード上からキャッシュを制御できるようになっています。

実際にキャッシュの処理に入る前に、Next.jsのレンダリング方式について学びましょう。わかりやすいように、データの取得先としてmicroCMSを図の中に登場させつつ解説していきます。

8-3-1 | SSR (Server Side Rendering)

SSRは、サーバー上でページの内容を生成し、その結果をクライアント（ブラウザなど）に送信する手法です。ユーザーがWebページにアクセスするたびに、サーバーは新しいHTMLを生成してレスポンスとして返します（図8-3-1）。

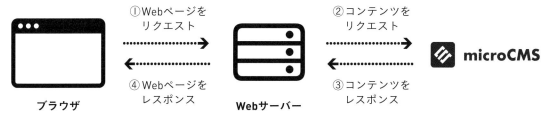

図8-3-1　SSR

- メリット
  - 初回のページロードが高速で、SEO（検索エンジン最適化）にも有利
- デメリット
  - たびたびのページ遷移やアクセスごとにサーバーでの処理が必要となるため、サーバーの負荷が増大する可能性がある

8-3-2 | SSG (Static Site Generation)

SSGは、ビルド時にすべてのページを静的なHTMLファイルとして生成する手法です。これらのHTMLファイルは後から変更されることなく、そのまま配信されます（図8-3-2）。

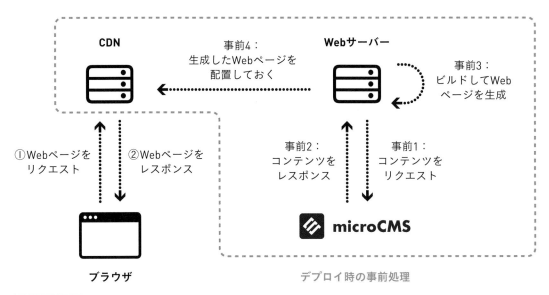

図8-3-2　SSG

- メリット
  - 高速なページロードや安定したパフォーマンス。CDNとの組み合わせで効果的に配信できる
- デメリット
  - サイトのコンテンツが頻繁に更新される場合、都度ビルドを行う必要がある。大量にコンテンツ
    がある場合、ビルドには相応の時間を要する

8-3-3 | CSR（Client Side Rendering）

　CSRは、ブラウザ（クライアント）側でページの内容を動的に生成する手法です。最初に空の
HTMLやページの主要な構造部分がロードされ、JavaScriptがその内容を動的に生成・埋め込む方法
です（図8-3-3）。

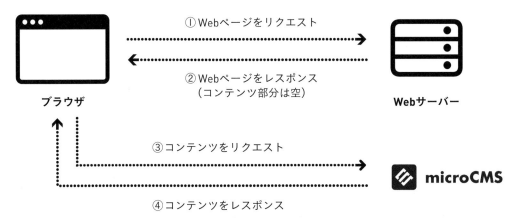

図8-3-3　CSR

- メリット
  - サーバーの負荷を軽減でき、ページ間の遷移がスムーズ
- デメリット
  - 初回のページロードが遅くなる可能性があり、SEOに不利な場合がある

8-3-4 | ISR（Incremental Static Regeneration）

ISRは、サーバーにあるページのキャッシュをバックグラウンドで更新する手法です。ブラウザからページがリクエストされると、サーバー上にあるキャッシュがすぐにレスポンスされ、その後サーバーはバックグラウンドで新しいバージョンのページを生成してキャッシュを更新します（図8-3-4）。

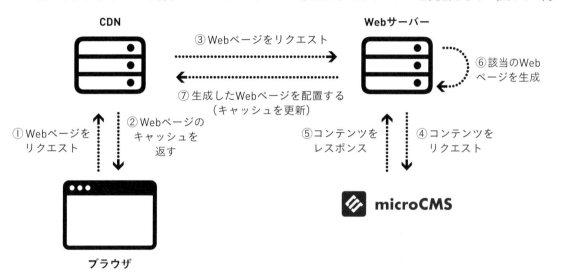

図8-3-4　ISR

- メリット
  - ユーザーには常に高速なレスポンスが保証され、サイトのデータが頻繁に変更される場面でも効果的。SSGにおけるビルド時間のデメリットを解消した方式
- デメリット
  - すべてのページを常に最新の状態に保つのは難しい場合がある

SSR、SSG、CSR、ISRの4つのレンダリング方式を説明しました。現在はNext.jsにおいては、明示的にこれらの名称は出てこなくなりましたが、概念として知っておくとよいでしょう。

複雑だけどとても重要な部分なので、しっかりとおさえておこう！

SECTION
8-4 | Next.js における
キャッシュの制御を学ぼう

ここまで学んできたキャッシュとさまざまなレンダリング方式を実際にWebサイトに適用していきましょう。

8-4-1 | Webhook を活用して SSG形式のページを更新しよう

　これまで、開発環境を立ち上げる際はnpm run devコマンドを使っていました。そしてlocalhost上にWebサーバーを起動し、常にSSR形式でリクエストのやり取りを行っていました。

　一方、Next.jsではアプリケーション全体のビルドを事前に行い、ページごとに最適なレンダリング方法を提供することもできます。まずは、VSCodeのターミナルを開いて、次のコマンドを実行し、ビルドしてみましょう。

```
npm run build
```

```
> npm run build

> my-next-project@0.1.0 build
> next build

  ▲ Next.js 14.1.4
  - Environments: .env.local

  Creating an optimized production build ...
✓ Compiled successfully
✓ Linting and checking validity of types
✓ Collecting page data
✓ Generating static pages (8/8)
✓ Collecting build traces
✓ Finalizing page optimization

Route (app)                              Size      First Load JS
┌ ○ /                                    479 B          96.8 kB
├ ○ /_not-found                          0 B                0 B
├ ○ /members                             328 B          89.9 kB
├ ○ /news                                1.31 kB        97.6 kB
├ λ /news/[slug]                         422 B          96.7 kB
├ λ /news/category/[id]                  420 B          96.7 kB
├ λ /news/category/[id]/p/[current]      420 B          96.7 kB
├ λ /news/p/[current]                    420 B          96.7 kB
├ λ /news/search                         1.24 kB        97.5 kB
+ First Load JS shared by all            84.5 kB
  ├ chunks/69-0329d6a8afbcb560.js        29 kB
  ├ chunks/fd9d1056-11c29a449e568231.js  53.4 kB
  └ other shared chunks (total)          2.09 kB


○  (Static)   prerendered as static content
λ  (Dynamic)  server-rendered on demand using Node.js
```

図8-4-1　ビルド後のターミナル画面

図8-4-1を見ると、ルーティングごとに「○」や「λ」のマークが表示されています（環境によっては「f」のマークが表示される場合もあります）。「○」は静的レンダリング、「λ」は動的レンダリングが適用されていることを表しています。つまり、トップページやメンバーページ、ニュース一覧ページはSSGが適用されているということです。一方で、ニュース詳細ページやカテゴリー別の一覧ページなどはSSR形式となっています。どちらの方式でレンダリングされるのかについては、後述するrevalidateの値設定やuseSearchParamsなどのdynamic functionsを使用しているかどうかによって決まります。

続いて、下記のコマンドを実行すると、ローカル環境でビルドしたアプリケーションを起動できます。

```
npm start
```

http://localhost:3000にアクセスすると、npm run devで起動した開発環境よりもサイトがスムーズに動作します。これは、ページごとにレンダリング方式が最適化されており、キャッシュも適切に活用されているためです。

Vercelでコンテンツの反映を確認してみよう

それでは、静的レンダリングされているメンバーページのコンテンツをmicroCMSから変更し、Vercelにデプロイされたサイトに反映されるのかどうかを確認してみましょう。microCMSの「メンバー」コンテンツのページで、メンバーの情報を「デイビッド・チャン」→「デイビッド」と変更し、「公開」ボタンをクリックします（図8-4-2）。

図8-4-2　メンバーの情報を変更する

その後、Vercelにデプロイされたサイトを見てみましょう。しかし、現在の表示は「デイビッド・チャン」のまま変わっていません（図8-4-3）。

図8-4-3　メンバーの情報が変更されていない

　これは静的レンダリングによって、ビルド時にメンバーページがHTMLとして生成されており、ユーザーがサイトにアクセスしてもmicroCMSにリクエストが届かないためです。microCMSでの変更を反映するためには、再度ビルドし直す必要があります。

Webhook

　しかし、microCMSでコンテンツを更新するたびに、Vercelにログインして再度デプロイボタンを押すのは面倒です。そこで、**Webhook**という仕組みがあります。

　Webhookは、「インターネット上に仕掛けられた鈴」のようなものです。あるサービス上で何か特定のイベント（例: 新しいデータの追加、ユーザーの操作など）が発生すると、この鈴が鳴り、別のサービスやサーバーにその情報を伝えることができる仕組みです（図8-4-4）。

　今回の場合、Vercel側で鈴を用意しておき、microCMS側でコンテンツを公開・更新したタイミングでVercel側の鈴を鳴らす仕組みを用意します。

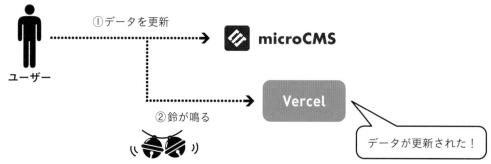

図8-4-4　Webhook

　実際にWebhookを設定してみましょう。まずはVercelの管理画面にログインし、今回作成したプロジェクトを選択します。その後、「Settings」→「Git」→「Deploy Hooks」にてHookを作成します（図8-4-5）。「Account Settings」ではなく、プロジェクト内の「Settings」であることに注意しましょう。

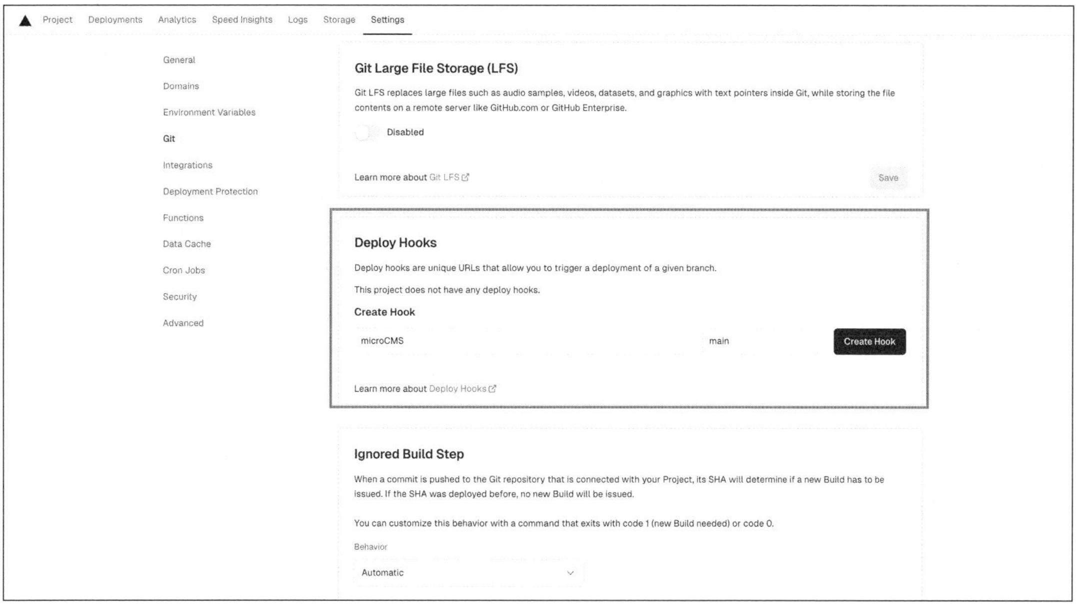

図8-4-5　**Deploy Hooks**を選択

　Hook名の欄に「microCMS」、ブランチ名の欄に「main」と入力してから「Create Hook」ボタンをクリックすると、図8-4-6のようにWebhookのURLが発行されるのでコピーしておきます。このURLに対してPOSTでリクエストを投げることで、ビルドとデプロイをすることができます。

図8-4-6　**Webhook**の**URL**が発行される

　次にmicroCMSの管理画面に移動しましょう。今回はメンバーの更新をWebhook経由で行います。「メンバー」のコンテンツページに移動して「API設定」→「Webhook」にて追加ボタンからVercelを選択し、次のように設定しましょう。図8-4-7の掲載範囲より下部の設定項目はすべてOFFで構いません。最後に、画面の下部にある「設定する」ボタンをクリックします。

図8-4-7 Webhookの設定

　Vercel側で発行したWebhookのURLをmicroCMS側にセットすることがポイントです。また、Webhookの通知タイミングとしては、「コンテンツの公開時・更新時」「コンテンツの公開終了時」「公開中コンテンツの削除時」にチェックを入れています。

　これで設定は完了です。実際にmicroCMSの管理画面からメンバー情報を更新してみましょう。その後、Vercelの「Deployments」を確認すると、実際にビルドが動いていることが確認できます（図8-4-8）。

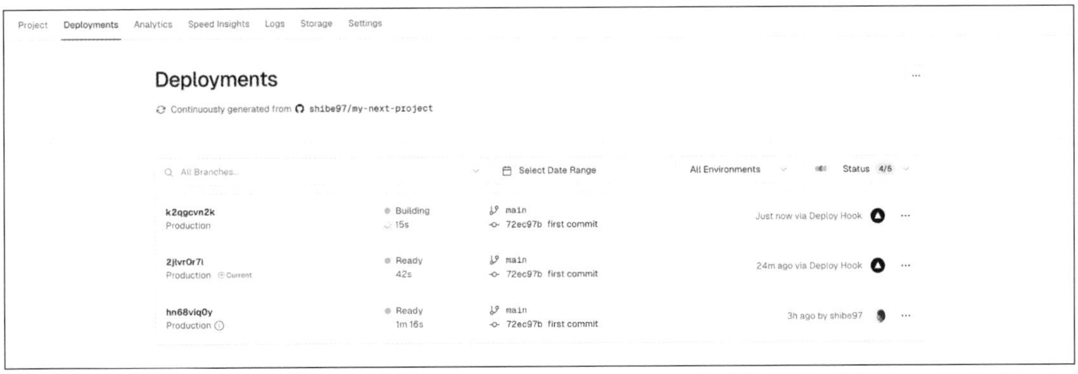

図8-4-8　Webhookが機能している

　実際に動かしてみてわかる通り、ビルドからデプロイまでは約1分程度の時間がかかります。この時間はコンテンツ数が増えるにつれ延びていきます。よって、即時に更新を反映したい場合にはSSGは不向きです。**メンバー情報は一般的に更新頻度が少なく、即時反映を行う必要性も少ないので、キャッシュのメリットを活かせるSSGが適しているでしょう。**

　デプロイが完了したらサイトを再度確認してみましょう。メンバーページにて「デイビッド・チャン」が「デイビッド」に変更されていれば成功です。確認完了後は再び「デイビッド・チャン」に戻して再公開しておきましょう。

8-4-2 | SSRを用いてニュースを即時更新しよう

　一方で、**更新頻度の高いコンテンツのページでは、レンダリング方式としてSSRを採用することでコンテンツの更新を素早く反映できます。**

　メンバー情報と異なり、ニュースは総件数が多く、かつ更新頻度の高いコンテンツです。SSG方式の場合はビルドにそれなりの時間がかかり、決められた時間きっかりの公開ができなくなってしまうため、SSR方式で進めていきます。app/news/page.tsxを次のように修正します。

リスト8-4-1　app/news/page.tsx

```
import { getNewsList } from "@/app/_libs/microcms";
import NewsList from "@/app/_components/NewsList";
import Pagination from "@/app/_components/Pagination";
import SearchField from "@/app/_components/SearchField";
import { NEWS_LIST_LIMIT } from "@/app/_constants";

export const revalidate = 0;　────[追加]

export default async function Page() {
```

　revalidateというのはキャッシュの保持期間（秒）を示す値です。これに0を指定するということはキャッシュを使わずに、毎回オリジンサーバーにデータを取得しにいくということになります。試しに再度ビルドをしてみましょう。

```
npm run build
```

229

```
Route (app)                               Size     First Load JS
┌ ○ /                                      494 B          96.6 kB
├ ○ /_not-found                            0 B               0 B
├ ○ /members                               328 B          89.7 kB
├ λ /news                                  1.22 kB        97.3 kB
├ λ /news/[slug]                           433 B          96.5 kB
├ λ /news/category/[id]                    363 B          96.4 kB
├ λ /news/category/[id]/p/[current]        363 B          96.4 kB
├ λ /news/p/[current]                      363 B          96.4 kB
└ λ /news/search                           1.15 kB        97.2 kB
+ First Load JS shared by all              84.4 kB
  ├ chunks/69-9e7cba05548ccc03.js          28.9 kB
  ├ chunks/fd9d1056-cc48c28d170fddc2.js    53.4 kB
  └ other shared chunks (total)            2.09 kB


○  (Static)    prerendered as static content
λ  (Dynamic)   server-rendered on demand using Node.js
```

図8-4-9　再度ビルドする

　先ほどは「/news」のパスにも「○」マークがついており、静的レンダリングがされていましたが、今回 revalidate の値を指定したことで動的レンダリング方式に切り替わったことがわかります（図8-4-9）。

　同様にニュース詳細ページでも revalidate の指定をしましょう。

リスト8-4-2　app/news/[slug]/page.tsx

```
type Props = {
  params: {
    slug: string;
  };
  searchParams: {
    dk?: string;
  };
};


export const revalidate = 0; ──────[追加]


export default async function Page({ params, searchParams }: Props) {
```

　「/news/[slug]」のパスには元々「λ」マークがついており、動的レンダリング方式でしたが、なぜここでも revalidate を 0 に指定したのでしょうか。

　revalidate を指定しない場合、キャッシュの保持期間が無限になります（※8-1）。つまり CDN のキャッシュがずっと残ってしまい、ユーザーのアクセス時に Web サーバーまでリクエストが到達しません。そこで、キャッシュの保持期間を 0 にするという指定をあえて行っているのです（図8-4-10）。

※8-1　Next.js v15 から挙動が変わり、revalidate を指定しない場合はキャッシュが利用されなくなる予定です。キャッシュ周りはその後のアップデートでも変わっていく可能性があるので、留意しておきましょう。

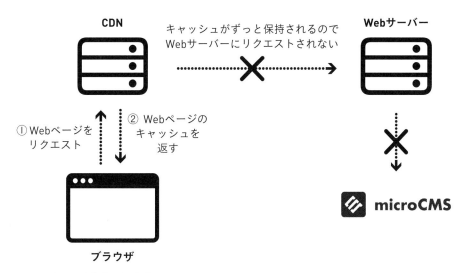

図8-4-10 revalidateを指定しない場合

　今回の変更により、ニュースの一覧／詳細ページはmicroCMSにてコンテンツを変更後、即時にサイト反映されるようになったはずです。ここまでに変更したソースコードをGitHubにプッシュし、Vercelに反映してみましょう。

```
git add .
git commit -m "ニュースにSSRを適用"
git push origin main
```

　microCMSの管理画面からニュースを更新してみて、Vercelにデプロイされているサイト側にもすぐに反映されれば正しく動作しています。

8-4-3 | ISRを用いてキャッシュの最適化をしよう

　前項ではSSRを試しました。コンテンツの変更が即時反映されるようになりましたが、逆にいうとキャッシュが全く利用されない状態になっています。そこで、**ISRを活用することで、キャッシュを利用しつつ、定期的にキャッシュを更新する仕組み**を取り入れてみましょう。実装は非常に簡単で、先ほどのrevalidateの値を1以上に設定するだけです。

リスト8-4-3　app/news/page.tsx
```
import { getNewsList } from "@/app/_libs/microcms";
import NewsList from "@/app/_components/NewsList";
import Pagination from "@/app/_components/Pagination";
import SearchField from "@/app/_components/SearchField";
import { NEWS_LIST_LIMIT } from "@/app/_constants";


export const revalidate = 60; ──────[60に変更]


export default async function Page() {
```

リスト**8-4-4 app/news/[slug]/page.tsx**

```tsx
type Props = {
  params: {
    slug: string;
  };
  searchParams: {
    dk?: string;
  };
}


export const revalidate = 60; ————[60に変更]


export default async function Page({ params, searchParams }: Props) {
```

revalidate というのはキャッシュの保持期間（秒）を示す値でした。つまり、60秒間はCDNにある
キャッシュが保持される方式となっています。

まずはここまでの変更をGitHubにプッシュし、Vercelに反映しましょう。

```
git add .
git commit -m "ニュースにISRを適用"
git push origin main
```

その後、実際にmicroCMSからニュースを更新し、Vercel側のページに変更が反映されるかどうか
確認してみましょう。前回アクセスした時点から60秒以上経過すると、リロードした際に反映が行わ
れます。挙動を時系列で表すと図8-4-11のようになります。

しかし、この方式は最大で60秒経たないと更新が反映されないというデメリットもあります。その
ため、「revalidate = 1」と設定するケースも有効です。1を設定した場合は1秒後には反映されるので、
ほぼ即時反映といえます。1秒経過後に最初にアクセスした人には古いキャッシュが返されてしまい
ますが、基本的には2人目以降は新しいキャッシュが返されます（図8-4-11）。

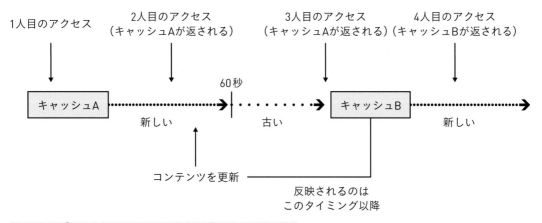

図**8-4-11** 「**revalidate = 60**」と設定した際のキャッシュの挙動

SECTION
8-5

HTTPリクエスト単位の
キャッシュを設定してみよう

Next.jsではページ単位だけでなくデータ単位でもキャッシュの制御が可能です。
画面プレビュー機能を題材に学んでいきましょう。

8-5-1 | 画面プレビューのURLを変更しよう

第7章ではプレビューの際にlocalhostを利用していました。本章ではすでにVercelにサイトをデプロイ済みなので、プレビューもそちら側で行うように変更していきましょう。

microCMS内の「ニュース」→「API設定」→「画面プレビュー」に移動してください。ここに入力されているURLを、VercelにデプロイされたURLに変更します（図8-5-1）。

変更前URL：http://localhost:3000/news/{CONTENT_ID}?dk={DRAFT_KEY}
変更後URL：https://{あなたのサブドメイン}.vercel.app/news/{CONTENT_ID}?dk={DRAFT_
KEY}

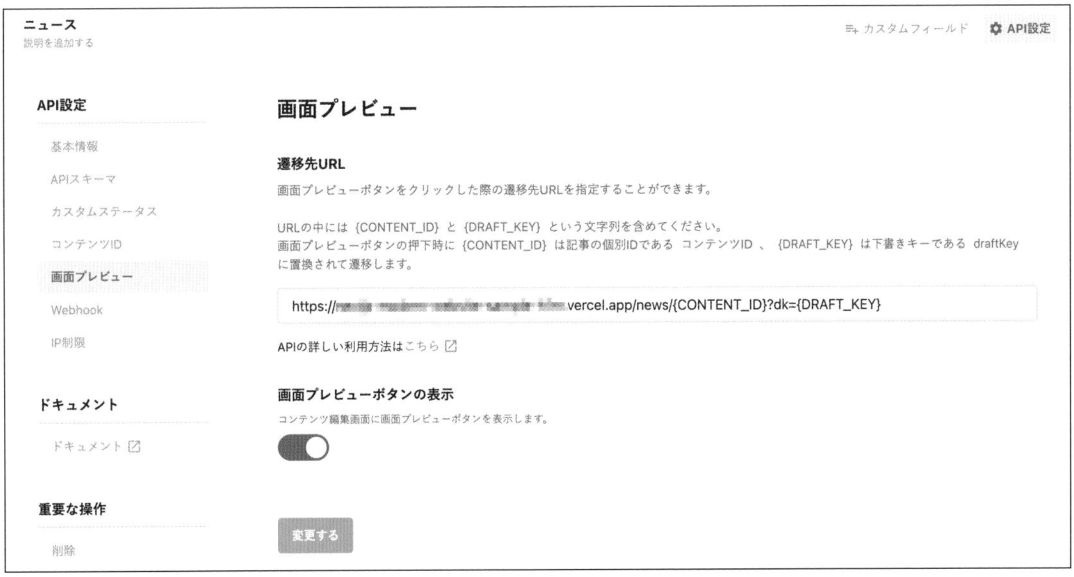

図8-5-1　URLの変更

変更後はニュース編集画面にて画面プレビューボタンをクリックすると、Vercel側のサイトに遷移できるようになります（図8-5-2）。

図8-5-2 「画面プレビュー」ボタンをクリック

さて、8-4節ではISR設定をしたことで、ニュース画面は効率的にキャッシュが利用されるようになりました。しかし、プレビュー機能はどうなるでしょうか。

実際にmicroCMS上でコンテンツを修正し、下書き保存をした後、画面プレビューボタンをクリックしてみましょう。ISRが有効になっているため、下書きプレビューした際にも最大60秒間の待ち時間が発生してしまっています。そこでNext.jsではページ単位だけではなく、データ単位でもキャッシュの設定ができるようになっています。

8-5-2 | データ単位のキャッシュの仕組み

ページ単位よりもさらに細かいデータ単位でキャッシュを制御しましょう。microcms-js-sdkでもcustomRequestInitというオプションにて対応しているので、こちらを利用します。app/_libsディレクトリの中の、microcms.tsを次のように修正しましょう。

リスト8-5-1 app/_libs/microcms.ts

```
export const getNewsDetail = async (
  contentId: string,
  queries?: MicroCMSQueries
) => {
  const detailData = await client.getListDetail<News>({
    endpoint: "news",
    contentId,
    queries,
    customRequestInit: {
      next: {
        revalidate: queries?.draftKey === undefined ? 60 : 0,
      },
    },
  });

  return detailData;
};
```

追加

234

ここでrevalidateの指定を行うと、データ単位でのキャッシュの制御ができるようになります。draftKeyが指定されていないときは60、指定されているときは0をセットしています。これにより下書きプレビューのときだけSSRを行い、それ以外のタイミングはすべてISRを行う挙動が実現できます。

　ここまでの変更をGitHubにプッシュし、Vercelに反映しましょう。

```
git add .
git commit -m "下書きプレビュー時はSSRをする"
git push origin main
```

　その後、プレビューを行った際にコンテンツが即時反映されることを確認してみてください。

8-5-3 | その他のページの設定をしよう

　それでは、まだrevalidateを設定していないページも、同様に設定していきましょう。microCMSからデータを取得してくる全ページに対して、それぞれレンダリング方式を指定する必要があります。

　気をつけなくてはならないのは、詳細画面がまだ存在していないうちに一覧画面が更新されてしまうケースです。一覧画面から詳細画面への導線が存在しているので、詳細画面に遷移した際にNot Foundページが表示されてしまうことになります。基本的な考え方として、**あるAPIに対する一覧ページと詳細ページにおけるキャッシュの保持期間（revalidate）は同じにするか、詳細ページのほうが短くなるようにセットしておく**とよいでしょう。

トップページ

　トップページでは最新のお知らせ2件分の表示があるので、revalidate=60をセットしておきましょう。

リスト8-5-2　app/page.tsx
```
import styles from "./page.module.css";
import Image from "next/image";
import { getNewsList } from "@/app/_libs/microcms";
import { TOP_NEWS_LIMIT } from "@/app/_constants";
import NewsList from "@/app/_components/NewsList";
import ButtonLink from "./_components/ButtonLink";

export const revalidate = 60; ————[追加]

export default async function Home() {
```

ニュースに関連するページ

　ニュースに関連するページとしては、ニュースの一覧ページ、Nページ目の一覧ページ、カテゴリーごとの一覧ページなどがあります。それぞれに対して revalidate=60 をセットしていく必要がありますが、数が多くてなかなか骨が折れます。

　そんなときはnewsディレクトリ階層のlayout.tsxに対してrevalidateをセットすることで、下の階層すべてに適用することができます。

235

リスト8-5-3 app/news/layout.tsx
```tsx
type Props = {
  children: React.ReactNode;
};

export const revalidate = 60; ——————[追加]

export default function RootLayout({ children }: Props) {
  return (
    <>
      <Hero title="News" sub="ニュース" />
      <Sheet>{children}</Sheet>
    </>
  );
}
```

　これにより、ニュース関連のページにはすべてrevalidate=60がセットされました。8-4-3項で、ニュース一覧画面（app/news/page.tsx）と詳細画面（app/news/[slug]/page.tsx）に追加したrevalidateは重複となってしまうので、削除しましょう。

リスト8-5-4 app/news/page.tsx
```tsx
import { NEWS_LIST_LIMIT } from "@/app/_constants";

export const revalidate = 60; ——————[削除]

export default async function Page() {
```

リスト8-5-5 app/news/[slug]/page.tsx
```tsx
  searchParams: {
    dk?: string;
  };
}

export const revalidate = 60; ——————[削除]

export default async function Page({ params, searchParams }: Props) {
```

　ちなみに、親階層と子階層で指定しているrevalidateの値が異なる場合はより小さい値（つまり、最も更新頻度が高い値）が適用されます。
　ここまでの変更をGitHubにプッシュし、Vercelに反映しましょう。

```
git add .
git commit -m "サイト全体にrevalidateを設定する"
git push origin main
```

　そして、実際にニュース関連のすべてのページで、60秒間のキャッシュ保持が行われるか確認してみましょう。

SECTION 8-6 | Basic 認証を設定してみよう

Next.js が備えている「Middleware」の使い方を学んでいきます。

　顧客からの依頼でサイトを制作している場合、サイトをリリースするまでは一般ユーザーに対してアクセス制限をかけておくほうが望ましいです。アクセス制限をかける方法の1つとして**Basic認証**があります。本節では、Next.js が備えている機能の1つである「**Middleware**」を活用して Basic 認証を設定していきます。

8-6-1 | Middleware とは

　Middleware とは、簡単にいうと「**リクエストが Next.js のサーバーサイドに到達する前に何らかの処理を動かせる機構**」です。例えば、以下のような用途で使うことができます。

- **リクエストの検証や変更**
- **認証や認可のチェック**
- **リダイレクト**
- **カスタムロギングや監視**

　さらに、Next.js 13 からは Middleware の処理が Vercel のエッジサーバー上にて行われるようになっているため、レスポンスも高速です（図8-6-1）。

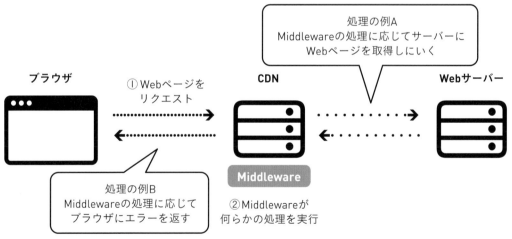

図8-6-1　Middleware

8-6-2 | Middlewareの設定方法

実際にMiddlewareを設定しましょう。ルートディレクトリ（appやpublicと並列の最上位階層）にmiddleware.tsを作成し、下記のように記述してください。

ディレクトリ構成図

リスト8-6-1 `middleware.ts`

```ts
import { NextRequest, NextResponse } from "next/server";

export function middleware(request: NextRequest) {
  console.log("middleware: " + request.url);

  return NextResponse.next();
}

export const config = {};
```

「middleware」という関数の中が、その名の通りMiddlewareの処理部分です。ここではリクエストURLをコンソールに出力し、NextResponse.next()にて通常のサーバーサイド処理に移ります。ここでリダイレクトやエラーを返したりすると通常のサーバーサイド処理に到達する前にブラウザにレスポンスが返されます。

また、最後のconfig = {}の部分は**マッチャー**と呼ばれる部分です。空のオブジェクト{}を指定している場合はすべてのリクエストにマッチしているとみなし、middlewareの処理が実行されます。

VSCodeのターミナルでnpm run devコマンドを実行して、http://localhost:3000にアクセスしてみましょう。すると、ターミナルに図8-6-2のようなログが表示されます。

```
middleware: http://localhost:3000/
middleware: http://localhost:3000/logo.svg
middleware: http://localhost:3000/_next/static/css/app/layout.css?v=1706698953776
middleware: http://localhost:3000/clock.svg
middleware: http://localhost:3000/_next/static/css/app/page.css?v=1706698953776
middleware: http://localhost:3000/_next/static/chunks/main-app.js?v=1706698953776
middleware: http://localhost:3000/_next/static/chunks/webpack.js?v=1706698953776
middleware: http://localhost:3000/_next/static/chunks/app/layout.js
middleware: http://localhost:3000/_next/static/chunks/app-pages-internals.js
middleware: http://localhost:3000/arrow-right.svg
middleware: http://localhost:3000/favicon.ico
middleware: http://localhost:3000/_next/static/chunks/webpack.js?v=1706698953776
middleware: http://localhost:3000/_next/static/chunks/app-pages-internals.js
middleware: http://localhost:3000/_next/static/chunks/app/layout.js
middleware: http://localhost:3000/_next/static/chunks/main-app.js?v=1706698953776
middleware: http://localhost:3000/favicon.ico
middleware: http://localhost:3000/sw.js
```

図8-6-2 ターミナルに出力されるログ

先ほどconsole.logにて指定したrequest.urlが表示されています。トップページにアクセスした際にブラウザからサーバーに送られるリクエストすべてをMiddlewareがキャッチしているのがわかります。

マッチャーは、例えば下記のように特定のパスをすることで、そのパスとマッチするときのみMiddlewareを動作させることができます。

リスト8-6-2 middleware.ts
```
export const config = {
  matcher: "/about/:path*",
}
```

また、次のように複数パスを配列形式で複数指定することも可能です。

リスト8-6-3 middleware.ts
```
export const config = {
  matcher: ["/about/:path*", "/dashboard/:path*"],
}
```

8-6-3 | Basic認証とは

さて、middlewareの概要がつかめたところで、Basic認証の機能を作成していきましょう。

Basic認証とは、Webサイトや特定のWebページにアクセスする際に、ユーザー名とパスワードを求める一種のセキュリティ機能です。この認証方法はシンプルでありながら、WebページやWebアプリケーションへのアクセスを制限するのに役立ちます。Basic認証の基本的な流れは次の通りです。

① **アクセス制限**
 -Webサーバーは、特定のページやディレクトリにアクセスしようとするユーザーに対して、ユーザー名とパスワードの入力を求めます
② **認証プロンプト**
 -ブラウザは、ユーザー名とパスワードを入力するための小さなウィンドウ（認証プロンプト）を表示します
③ **ユーザー入力**
 -ユーザーは求められた情報を入力し、サーバーに送信します
④ **サーバー確認**
 -サーバーは提供されたユーザー名とパスワードをチェックし、それらが正しいかどうかを確認します
⑤ **アクセス許可/拒否**
 -もしユーザー名とパスワードが正しい場合、ユーザーはページにアクセスできます。間違っている場合、アクセスは拒否され、再度認証プロンプトが表示されます

Basic認証の特徴は、設定が簡単であることと、ユーザーにとっても理解しやすいことです。そのため、小規模なWebサイトや開発中のプロジェクトなど、簡単にアクセスを制限したい場合に適しています。しかし、セキュリティ面では弱点があります。例えば、Basic認証は一般的には暗号化され

ていない通信を使用するため、ユーザー名とパスワードが第三者によって傍受されるリスクがあります。そのため、よりセキュリティの高い認証が必要な場面では、Basic 認証だけではなく、SSL/TLS などの暗号化通信を組み合わせたり、OAuth などのより強固な認証メカニズムを使用したりすることが推奨されます。

8-6-4 | Next.jsでBasic認証を設定しよう

前置きが長くなりましたが、実際に Middleware を使って Basic 認証を設定していきましょう。しかし、自前で Basic 認証のプロセスをすべて作っていくのは大変です。そこで、**nextjs-basic-auth-middleware** というパッケージを利用し、簡単に導入する方法を紹介します。パッケージの詳細は下記のURLから確認できます。

URL https://www.npmjs.com/package/nextjs-basic-auth-middleware

まずはパッケージをインストールしましょう。VSCodeのターミナルを開いて、次のコマンドを実行します。

```
npm install nextjs-basic-auth-middleware@3.1.0
```

次にルートディレクトリにあるmiddleware.tsを下記のように書き換えましょう。

リスト**8-6-4 middleware.ts**

```
import { createNextAuthMiddleware } from "nextjs-basic-auth-middleware";

export const middleware = createNextAuthMiddleware();

export const config = {
  matcher: ["/(.*)"],
};
```

createNextAuthMiddleware()という処理にすべてが詰まっているため、非常に簡潔なコードで済みました。実際にBasic認証を行うためには、正解のユーザー名とパスワードを定義する必要があります。このパッケージでは環境変数でそれらを定義することができます。.env.localに次のような1行を追加しましょう。

リスト**8-6-5 .env.local**

```
BASIC_AUTH_CREDENTIALS=admin:password ——[追加]
```

「admin」部分にユーザー名、「password」部分にパスワードをそれぞれ定義してください。以上で準備は完了です。

再度、VSCodeのターミナルでnpm run devコマンドを実行し、実際に動作するかどうか試してみましょう。ブラウザでhttp://localhost:3000にアクセスした際に、図8-6-3のダイアログが表示されれば成功です。

ログイン

http://localhost:3000

ユーザー名 [　　　　　　　　　　]

パスワード [　　　　　　　　　　]

キャンセル　ログイン

図8-6-3　確認ダイアログ

　もし認証が失敗した場合はステータスコード401（Unauthorized）が返されます。認証が成功すると ステータスコードは200（OK）となり、通常のページが表示されます。

Vercelへのデプロイ

　次にこれをVercelにデプロイしていきます。今回、環境変数を1つ追加したのでVercel側にも追加する必要があります。Vercelの管理画面にログインし、「Settings」→「Environment Variables」から、新たに用意したBASIC_AUTH_CREDENTIALSを追加しましょう（図8-6-4）。

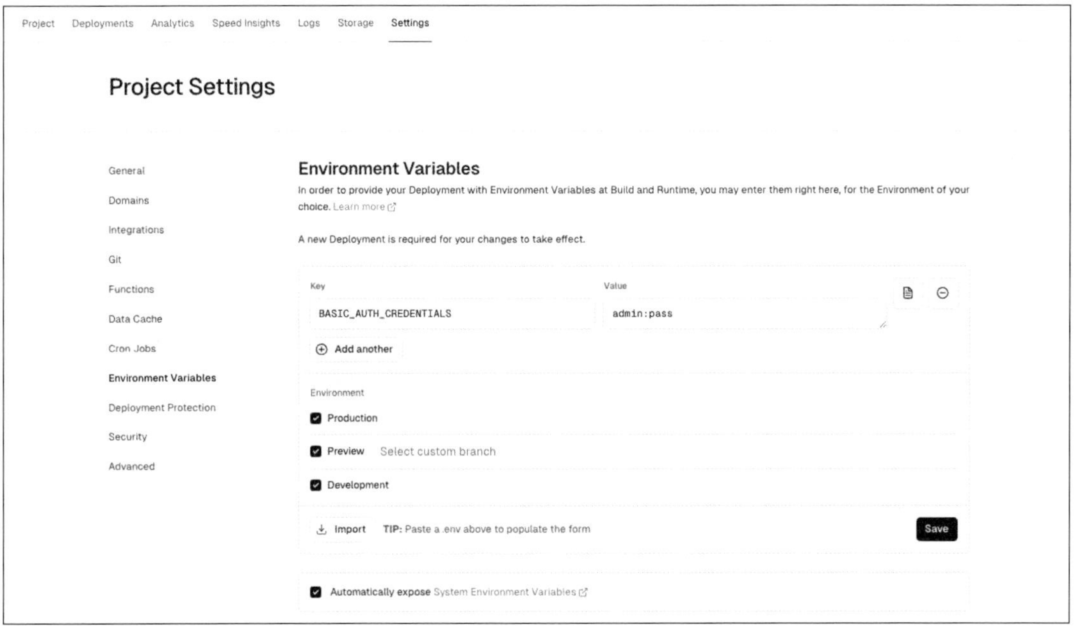

図8-6-4　環境変数の追加

　追加が完了したら、ここまでの作業内容をコミットしGitHubにプッシュしましょう。

```
git add .
git commit -m "Basic認証を適用"
git push origin main
```

　GitHubとVercelは連携しているため、**git pushコマンドを実行すると自動的にVercelのビルドとデプロイが開始されます**。デプロイが完了したらVercel側で発行されているURLにアクセスしてみましょう。先ほどと同様にBasic認証のプロンプトが表示されれば成功です。

注意点

　最後に重要な注意点です。基本的にBasic認証はサイト公開前に第三者からのアクセスを制限したい場合に用います。一度、Basic認証を通過してしまうと2度目以降のアクセスではチェックされなくなるため、Basic認証を設定しているという事実を忘れてしまいがちです。公開のタイミングでBasic認証を外すことを、くれぐれも忘れないようにしましょう。

　Middlewareの機能を確認できたので、**今回のチュートリアルではmiddleware.tsは削除しておいてください。**合わせて、「.env.local」と「Vercel」に登録した「BASIC_AUTH_CREDENTIALS=admin:password」も削除しておきましょう。

　削除が完了したら、再度、作業内容をコミットしてGitHubにプッシュしましょう。

```
git add .
git commit -m "8章まで完了"
git push origin main
```

　下記リポジトリにもここまでのソースコードを置いているので、必要に応じてご活用ください。

URL https://github.com/nextjs-microcms-book/nextjs-website-sample/tree/chapter-8

Middlewareについて理解できたかな？ 必ずしも使う機能ではないけど、存在は覚えておこう！

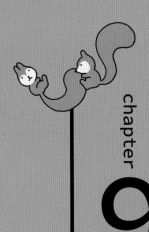

chapter

9

お問い合わせページを
作ってみよう

今まではデータを取得して表示する仕組みを作って
きましたが、この章では一歩進んでお問い合わせ
ページを作りながらデータを送信する仕組みを学ん
でいきます。

SECTION
9-1 | お問い合わせページを 作ってみよう

まずは、Next.jsでデータを送信する仕組みを学んでいきます。

お問い合わせページは、Webサイトのユーザーがサイトの運営者と直接コミュニケーションを取るための重要な要素です。この章では、これまで作ってきたコーポレートサイトに、お問い合わせページを追加しましょう。

図9-1-1 問い合わせページ

9-1-1 | HubSpotについて知ろう

お問い合わせページが最低限の実用性を持つには、お問い合わせを入力するフォーム、お問い合わせ内容を記録するデータベースなどの仕組み、お問い合わせをしてくれたユーザーに返信メールを送る仕組みなどの実装が必要です。

本書ではお問い合わせ内容を記録し、返信メールを送信する部分の処理に、**HubSpot**というサービスを利用します。HubSpotは、CRM（Customer Relationship Management）ツールとして広く利用されているサービスです。HubSpotを活用することで複雑なシステムの処理部分を、サービスに任せることができます（図9-1-2）。

244

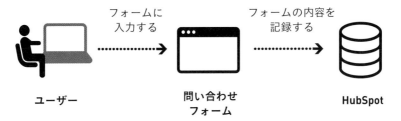

図9-1-2　HubSpot

9-1-2 | Next.js と Server Actions

HubSpot の利用にあたっては、**Server Actions** という機能を活用する必要があります。

Server Actions は、Next.js 13 以降で導入された新機能で、Web アプリケーションのサーバーサイドロジックを扱うためのものです。React ではまだ実験的な機能ですが、いち早く Next.js に採用され利用できるようになりました。Server Actions は、主にサーバーサイドで実行される機能（データの取得や処理）を、フロントエンドのコンポーネントから直接呼び出すことを可能にします。

9-1-3 | お問い合わせフォームにおけるデータの流れ

問い合わせページのフォームにおけるデータの流れは図9-1-3のようになっています。

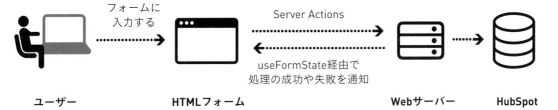

図9-1-3　お問い合わせフォームにおけるデータの流れ

まず、ユーザーはHTMLで作られたお問い合わせフォームからデータを入力します。フォームから送信ボタンを押下すると、フォームのデータはServer Actionsを通じてサーバーに送信されます。フォームのデータ処理はサーバーサイドで行われるため、ブラウザでは何も起こりません。

サーバーサイドでは受け取ったデータの整合性を確認していきます。もし入力したデータに問題があれば、useFormStateを経由してHTMLフォームに送信できなかった旨のエラーを通知します。データに問題がなければそのままHubSpotへ送信されます。

HubSpotへのデータ送信が完了すると、useFormState（※9-1）を利用してHTMLフォーム側に送信が成功した旨を通知し、ユーザーに完了画面が表示される流れになります。

※9-1　React 19 が採用される予定の次期 Next.js 15 からは useActionState と名称が変更になる予定です。
https://react.dev/blog/2024/04/25/react-19#new-hook-useactionstate

9-1-4 | お問い合わせフォームを作ろう

まず、お問い合わせフォームの枠組みを作成していきましょう。ここでは、入力フィールドの種類、ラベル、送信ボタンなどを設定します。

_componentsディレクトリの配下に、ContactFormディレクトリを新規に作成し、その中にindex.tsxとindex.module.cssを作成します。そして、index.tsxに次のコードを記述しましょう。

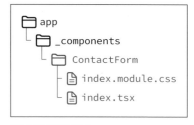

ディレクトリ構成図

リスト**9-1-1** app/_components/ContactForm/index.tsx

```tsx
import styles from "./index.module.css";

export default function ContactForm() {
  return (
    <form className={styles.form}>
      <div className={styles.horizontal}>
        <div className={styles.item}>
          <label className={styles.label} htmlFor="lastname">
            姓
          </label>
          <input className={styles.textfield} type="text" id=↵
"lastname" name="lastname" />
        </div>
        <div className={styles.item}>
          <label className={styles.label} htmlFor="firstname">
            名
          </label>
          <input className={styles.textfield} type="text" id=↵
"firstname" name="firstname" />
        </div>
      </div>
      <div className={styles.item}>
        <label className={styles.label} htmlFor="company">
          会社名
        </label>
        <input className={styles.textfield} type="text" id="company" ↵
name="company" />
      </div>
      <div className={styles.item}>
        <label className={styles.label} htmlFor="email">
          メールアドレス
        </label>
        <input className={styles.textfield} type="text" id="email" ↵
name="email" />
```

```
    </div>
    <div className={styles.item}>
      <label className={styles.label} htmlFor="message">
        メッセージ
      </label>
      <textarea className={styles.textarea} id="message" name=↵
"message" />
    </div>
    <div className={styles.actions}>
      <input type="submit" value="送信する" className={styles.button} />
    </div>
  </form>
);
}
```

index.module.css ファイルには、以下のURLからコピーした内容を、ペーストしてください。

URL https://github.com/nextjs-microcms-book/nextjs-website-sample/blob/main/app/_
components/ContactForm/index.module.css

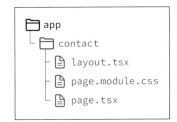

ディレクトリ構成図

フォームのコンポーネントが作成できたら、次はページを作成
していきます。今回、お問い合わせページのURLは/contactとし
たいので、appディレクトリの配下にcontactディレクトリを作成
して、その中にlayout.tsxとpage.tsx、page.module.cssを作成
します。page.tsxとlayout.tsxに次のコードを記述しましょう。

リスト **9-1-2** `app/contact/page.tsx`
```
import styles from "./page.module.css";
import ContactForm from "@/app/_components/ContactForm";

export default function Page() {
  return (
    <div className={styles.container}>
      <p className={styles.text}>
        ご質問、ご相談は下記フォームよりお問い合わせください。
        <br />
        内容確認後、担当者より通常3営業日以内にご連絡いたします。
      </p>
      <ContactForm />
    </div>
  );
}
```

```
import Hero from "@/app/_components/Hero";
import Sheet from "@/app/_components/Sheet";

type Props = {
  children: React.ReactNode;
};

export default function RootLayout({ children }: Props) {
  return (
    <>
      <Hero title="Contact" sub="お問い合わせ" />
      <Sheet>{children}</Sheet>
    </>
  );
}
```

page.module.cssファイルは以下のURLからコピーした内容を、ペーストしてください。

URL▶ https://github.com/nextjs-microcms-book/nextjs-website-sample/blob/main/app/
contact/page.module.css

　これでコンポーネントとそれを組み込んだページが作成できました。早速、http://localhost:3000/
contactにアクセスしてページを確認してみましょう。現時点では「送信する」ボタンを押しても何も
起こりませんが、お問い合わせページの見た目が完成しました（図9-1-4）。

見た目が完成したら
次は実際に送信する
仕組みを作っていく
よ

図9-1-4　フォームが表示される

9-1-5 | バリデーションと投稿機能を追加しよう

　お問い合わせページの見た目が完成したところで、次は実際にフォームから入力されたデータを扱ってみます。Next.jsではServer Actionsと**useFormState**という機能を組み合わせて、フォームの送信処理と**バリデーション**を効率的に行うことができます。

　従来のCSR（Client-Side Rendering）を利用した方法では、すべてのデータ処理とバリデーションをクライアントサイドで行う必要がありますが、useFormStateはクライアントサイドでのバリデーションを可能にし、Server Actionsはサーバーサイドでのデータ処理を担います。

🛠 バリデーションとは？

問い合わせフォームなどで受け取ったデータを処理するために、事前にデータが正しい形式かどうかをチェックする機構をバリデーションと呼びます。どのような値が入力されるかわからない箇所では必ずバリデーションを行うようにプログラムすることが重要です。

　それでは、フォームから受け取ったデータを扱うServer Actions関数を新規作成しましょう。appディレクトリの配下に、_actionsディレクトリを作成し、その中にcontact.tsを作成します。contact.tsに次のコードを記述しましょう。

ディレクトリ構成図

リスト**9-1-4** app/_actions/contact.ts

```
"use server"; ── Server Actionsとして利用するにはuse serverの記述が必要となる

function validateEmail(email: string) {
  const pattern = /^[^\s@]+@[^\s@]+\.[^\s@]+$/;
  return pattern.test(email);
}

export async function createContactData(_prevState: any, formData: ↵
FormData) {
  const rawFormData = { ── formのname属性ごとにformData.get()で値を取り出すことができる
    lastname: formData.get("lastname") as string,
    firstname: formData.get("firstname") as string,
    company: formData.get("company") as string,
    email: formData.get("email") as string,
    message: formData.get("message") as string,
  };

  if (!rawFormData.lastname) {
    return {
      status: "error",
      message: "姓を入力してください",
    };
```

（次ページへ続く）

```javascript
  }
  if (!rawFormData.firstname) {
    return {
      status: "error",
      message: "名を入力してください",
    };
  }
  if (!rawFormData.company) {
    return {
      status: "error",
      message: "会社名を入力してください",
    };
  }
  if (!rawFormData.email) {
    return {
      status: "error",
      message: "メールアドレスを入力してください",
    };
  }
  if (!validateEmail(rawFormData.email)) {
    return {
      status: "error",
      message: "メールアドレスの形式が誤っています",
    };
  }
  if (!rawFormData.message) {
    return {
      status: "error",
      message: "メッセージを入力してください",
    };
  }

  return { status: "success", message: "OK" };
}
```

先ほど作成したServer Actionsの関数（createContactData）を、フォームで利用できるようにしていきます。formタグのactionにuseFormState()から受け取るformActionを渡すことでServer Actionsへフォームのデータを渡すことができます。

　先ほど作成したお問い合わせフォームにServer ActionsとuseFormState()を利用したロジックを追加していきましょう。

リスト**9-1-5** app/_components/ContactForm/index.tsx

```tsx
"use client"; ──────[先頭に追加]

import { createContactData } from "@/app/_actions/contact"; ───┐
import { useFormState } from "react-dom"; ──────────────────────┼[追加]
import styles from "./index.module.css";

const initialState = { ───┐
  status: "",             ├[追加]
  message: "",            │
}; ───────────────────────┘

export default function ContactForm() {
  const [state, formAction] = ↵
useFormState(createContactData, initialState);
  console.log(state); ─────────────────────────────────────●  [追加]
  if (state.status === "success") {
    return (
      <p className={styles.success}>
        お問い合わせいただき、ありがとうございます。
        <br />
        お返事まで今しばらくお待ちください。
      </p>
    );
  }
  return (
    <form className={styles.form} action={formAction}> ─────[修正]
（省略）

      <div className={styles.actions}>
        {state.status === "error" && ( ───┐
          <p className={styles.error}>{state.message}</p>  ├[追加]
        )} ───────────────────────────────┘
        <input type="submit" value="送信する" className={styles.button} />
      </div>
    </form>
  );
}
```

動作の確認

　まだ、フォームデータの送信ロジックは実装していないため、ここではconsole.log()を仕込んでServer Actionsが適切に実行されているか確認してみましょう。

　❶の箇所に追記したconsole.log(state)で表示されるstateは、Server Actionsを通じてサーバーサイドで処理され、クライアントサイド（ブラウザ）に返ってくる値が入っています。そのため、開発サーバーのログには何も表示されず、Google Chromeのデベロッパーツールのコンソールから確認する必要がある点にも注目してください。

　useFormState()は第一引数にServerActionsを、第二引数にServerActionsから受け取る初期値を指定できます。今回はServerActionsから、処理が成功したかどうかの状態が記載されるstatusとエラーメッセージなどが入るmessageを受け取ります。またそれぞれの初期値には空文字（""）を設定しています。

　VSCodeのターミナルでnpm run devコマンドを実行し、開発サーバーを起動します。サーバーが起動したら、ブラウザでお問い合わせページ（http://localhost:3000/contact）にアクセスし、デベロッパーツールを開いておきます。そして、お問い合わせフォームに適当な内容を入力して、「送信する」ボタンをクリックします。

　すべてのフィールドに入力して、送信ボタンを押すと完了画面が表示されます。デベロッパーツールの「コンソール」タブに、{status: 'success', message: 'OK'}と表示されていれば、正しく値を受け取れています（図9-1-5）。

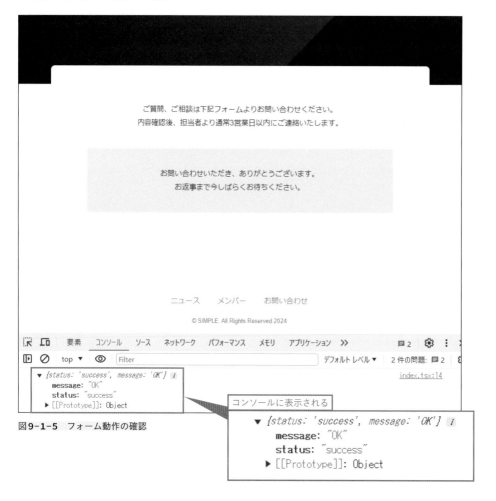

図9-1-5　フォーム動作の確認

試しに何も入力しない場合も試してみましょう。今度は「姓を入力してください」というエラーメッセージが表示されるはずです（図9-1-6）。

```
ご質問、ご相談は下記フォームよりお問い合わせください。
内容確認後、担当者より通常3営業日以内にご連絡いたします。

姓                          名
[                    ]      [                    ]

会社名
[                                           ]

メールアドレス
[                                           ]

メッセージ
[                                           ]
[                                           ]

姓を入力してください

         [ 送信する ]
```

```
要素  コンソール  ソース  ネットワーク  パフォーマンス  メモリ  アプリケーション  ≫        🗩2  ⚙  ⋮
top ▼   👁  Filter                                      デフォルト レベル ▼   2 件の問題: 🗩 2
▼ {status: 'error', message: '姓を入力してください'}  ⓘ                          index.tsx:14
    message: "姓を入力してください"
    status: "error"
  ▶ [[Prototype]]: Object
```

図9-1-6　エラーメッセージの確認

コンソールに表示される

```
▼ {status: 'error', message: '姓を入力してください'}  ⓘ
    message: "姓を入力してください"
    status: "error"
  ▶ [[Prototype]]: Object
```

　同様にコンソール画面に、{status: 'error', message: '性を入力してください'}と表示されていれば正しくエラーを受け取れています。フォームに入力する値を変えたり、actions.tsxのエラーメッセージを変えたりして、Server Actionsの動作を検証してみましょう。

次はHubSpot
との連携を試し
てみよう！

SECTION 9-2 | HubSpot と連携しよう

お問い合わせ情報を管理するためにHubSpotと連携してみましょう。

9-2-1 | HubSpotを準備しよう

　まずはHubSpotのWebサイトにアクセスし、無料アカウントを作成します。お問い合わせフォームからのデータをHubSpotに登録し保存することで、HubSpotの管理画面からお問い合わせの管理・分析ができるようになります。また、メールサーバーやデータベースを用意する必要もないため、手軽にお問い合わせフォームを作成することが可能です。

9-2-2 | HubSpotアカウントをセットアップしよう

　最初にHubSpotアカウントを作成します。Googleアカウント、Microsoftアカウント、またはEメールを利用して登録できます。

URL https://app.hubspot.com/signup-hubspot/

　執筆時点（2024年6月）で、HubSpotでは無料でフォームをはじめ多くの機能を利用することができます。詳しくはHubSpotの紹介ページを参照してください。

URL https://www.hubspot.jp/pricing/crm

9-2-3 | フォームを作ろう

　HubSpotにログインしてメニューから「マーケティング」→「フォーム」→「無料フォームを作成」と進んで、問い合わせを受け取るためのフォームを用意します。

　まず、フォームのタイプから「埋め込みフォーム」を選択して「次へ」をクリックします（図9-2-1）。

図9-2-1　フォームのタイプを選択する

次に、テンプレートから「お問い合わせ」を選択して「開始」ボタンを押します（図9-2-2）。

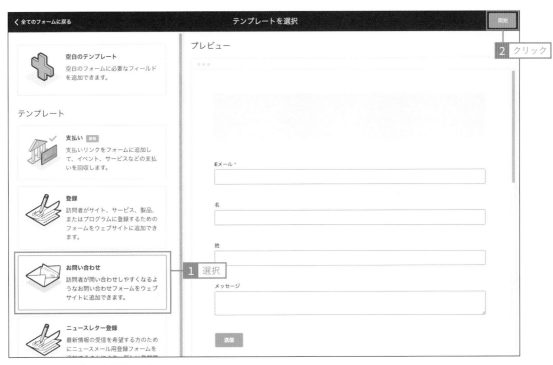

図9-2-2　テンプレートを選択する

そして、左のサイドバーにて「会社名」と検索し、コンタクトプロパティの「会社名」フィールドを右側にドラッグ＆ドロップします（図9-2-3）。

図9-2-3　「会社名」のプロパティを追加する

次に、その他の項目を設定していきます。下記の項目を設定します。項目をすべて設定したら、画面右上の「更新」ボタンをクリックします（図9-2-4）。

- **姓**：lastname
- **名**：firstname
- **会社名**：company
- **Eメール**：email
- **メッセージ**：message

設定が完了したらクリック

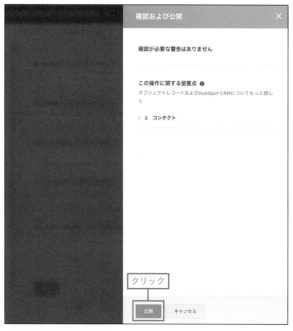

図9-2-4　その他の設定を行う

すると、図9-2-5のような画面に切り替わるので、「公開」ボタンをクリックして、フォームを公開します。

図9-2-5　「公開」ボタンをクリックする

「公開」ボタンをクリックすると、埋め込みコードの表示ができるようになります。記載されているportalIdとformIdの値をコピーし、プロジェクトの環境変数（.env.localファイル）に設定しましょう（図9-2-6）。

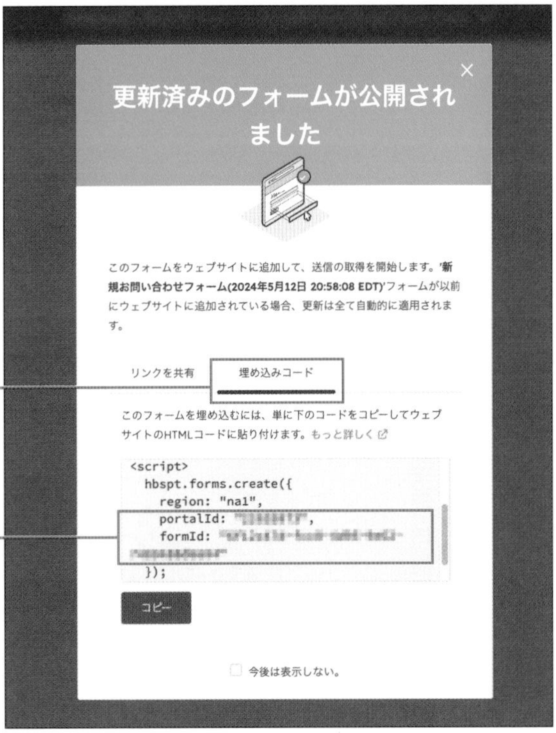

図9-2-6　フォームを埋め込むコードを確認する

リスト9-2-1　.env.local

```
HUBSPOT_PORTAL_ID=xxxxxxxx
HUBSPOT_FORM_ID=xxxxxxxx-xxxx-xxxx-xxxx-xxxxxxxxxxxx
```

xxx〜の部分をコピーした内容に置き換える

もし埋め込みコードの画面を閉じてしまっても一度フォームを公開してからは「埋め込み」ボタンから確認できます（図9-2-7）。

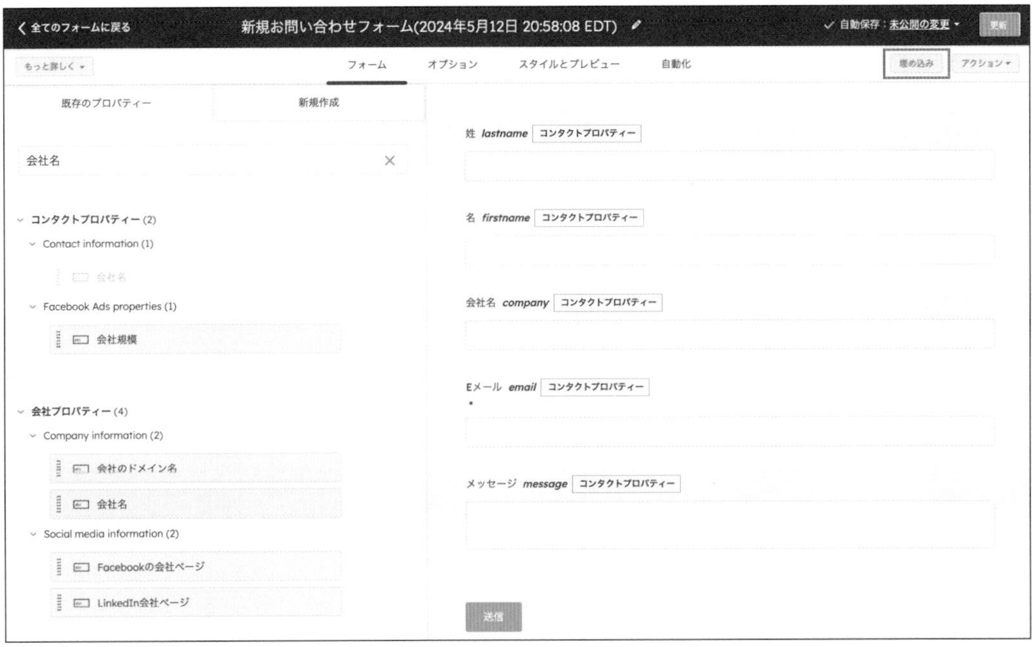

図9-2-7　「埋め込み」ボタン

HubSpotにデータを送信する際にスパムと判定されないように、サイトのドメインを登録しておく必要があります。「設定」→「トラッキングコード」→「高度なトラッキング」画面に移動し、「ドメインを追加」ボタンをクリックします（図9-2-8）。

図9-2-8 「ドメインを追加」ボタンをクリック

そして、第7章にてホスティングしたVercelのドメインを追加しましょう（図9-2-9）。追加後は画面左下に表示される「保存」ボタンをクリックすることを忘れないようにしてください。

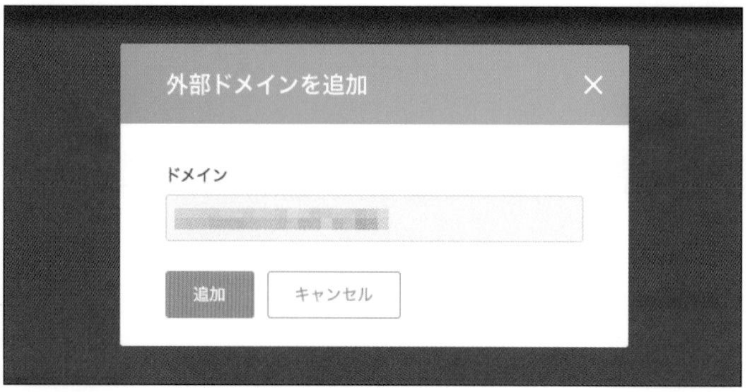

図9-2-9 Vercelのドメインを追加する

9-2-4 | HubSpotへデータを送ってみよう

　それでは、実際にお問い合わせフォームを使用してHubSpotにデータを送信し、HubSpotにデータが正しく登録できるか確認してみましょう。

　/app/_actions/contact.tsファイルにHubSpotと連携する記述を追加します。

リスト**9-2-2　app/_actions/contact.ts**

```
"use server";

function validateEmail(email: string) {
  const pattern = /^[^\s@]+@[^\s@]+\.[^\s@]+$/;
  return pattern.test(email);
}

（省略）

  if (!rawFormData.message) {
    return {
      status: "error",
      message: "メッセージを入力してください",
    };
  }
  const result = await fetch(
    "https://api.hsforms.com/submissions/v3/integration/submit/⏎
${process.env.HUBSPOT_PORTAL_ID}/${process.env.HUBSPOT_FORM_ID}",
    {
      method: "POST",
      headers: {
        "Content-Type": "application/json",
      },
      body: JSON.stringify({
        fields: [
          {
            objectTypeId: "0-1",
            name: "lastname",
            value: rawFormData.lastname,
          },
          {
            objectTypeId: "0-1",
            name: "firstname",
            value: rawFormData.firstname,
          },
          {
            objectTypeId: "0-1",
            name: "company",
            value: rawFormData.company,
```

追加

（次ページへ続く）

```
        },
        {
          objectTypeId: "0-1",
          name: "email",
          value: rawFormData.email,
        },
        {
          objectTypeId: "0-1",
          name: "message",
          value: rawFormData.message,
        },
      ],
    }),                                                    ├─ 追加
  },
);

try {
  await result.json();
} catch (e) {
  console.log(e);
  return {
    status: "error",
    message: "お問い合わせに失敗しました",
  };
}
return { status: "success", message: "OK" };
```

　それでは、お問い合わせページから情報を入力してうまく送信できるか試してみましょう。

　すべて情報を入力した後、送信ボタンを押すと送信完了画面に切り替わります（図9-2-10、図9-2-11）。うまくいかなかった場合はコードの記述や.env.localファイルに記述したHubSpotのportalIdとformIdの値が間違っていないか確認しましょう。

図9-2-10　フォームに情報を入力する

図9-2-11　送信完了画面

　次にHubSpotにもお問い合わせページから送信したデータが登録されているか確認してみましょう。

HubSpotにログインしてメニューから「マーケティング」→「フォーム」→「無料フォームを作成」と進んで、作成したお問い合わせフォームを選択します（図9-2-12）。

図9-2-12　作成したお問い合わせフォームを選択する

「送信」タブをクリックして見たいユーザー名の「送信を表示」をクリックすると先ほどお問い合わせページから送信した内容が登録されているのが確認できました（図9-2-13）。

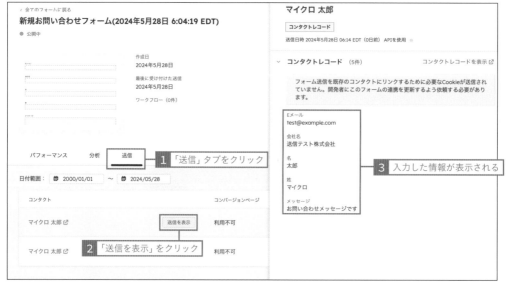

図9-2-13　送信した内容が登録されている

HubSpotの設定を追加することで、自動返信のメールを用意することもできます。ぜひHubSpotを活用してお問い合わせページをより便利に活用してみてください。

最後に、ここまでの作業内容をコミットし、GitHubにプッシュしましょう。VSCodeでターミナルを開き、下記コマンドを順に打ち込んでください。

```
git add .
git commit -m "9章まで完了"
git push origin main
```

下記のリポジトリにもここまでのソースコードを置いているので、必要に応じてご活用ください。

URL ▶ https://github.com/nextjs-microcms-book/nextjs-website-sample/tree/chapter-9

chapter

10

もっと便利に！
現場で役立つ
実践テクニック

第10章では、ビジネスとしてWebサイトを運用する
上で重要となるSEO、パフォーマンスの最適化、サー
ドパーティスクリプトの利用方法など、発展的な内容
を詳しく扱います。これらのトピックはやや難しいも
のも含まれていますが、理解し実践できるようになれ
ば、Web制作者としてのスキルをワンランク上に高め
ることができるでしょう。

10-1 メタデータを設定しよう
この節ではNext.jsにおけるメタデータの設定方法について見ていきましょう。

　SEOに強いWebサイトを作るためには、**メタデータ**の設定が欠かせません。Webサイトにおけるメタデータとは、**Webサイトの内容を説明するためのデータ**を指します（図10-1-1）。例えば、Webサイトのタイトルや説明文、キーワードなどです。検索エンジンは、メタデータも含めてWebサイトの内容を判断します。そのため、適切な内容を設定することはSEOの観点でも重要です。

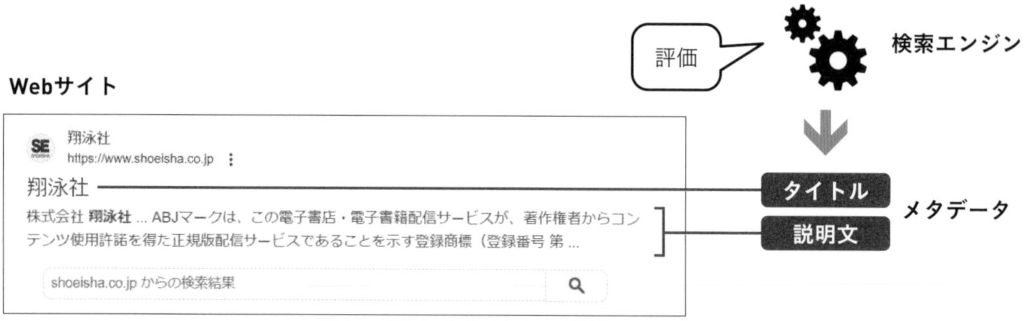

図10-1-1　Webサイトのメタデータ

　Next.jsには、このメタデータを設定するための仕組みが用意されています。大きく分けて2つの方法があり、1つはlayout.tsxやpage.tsxといったファイルに記述する方法、もう1つは特定の名称のファイルを直接appディレクトリに配置する方法です。それぞれ、設定の仕方を見ていきましょう。

10-1-1 | layout.tsxやpage.tsxに設定を記述しよう

　これまでの章では、Webサイトに表示したい内容をlayout.tsxやpage.tsxに記述してきました。ディレクトリ構造によって表示する内容を設定できるルールは、メタデータも同様です。
　まず、app/layout.tsxを開きましょう。このファイルはWebサイト全体のルートとなるファイルでした。このファイルにmetadataという名前のオブジェクトを定義し、エクスポートすることで、Webサイト全体のデフォルトのメタデータを設定できます。次のように追記してみましょう。

リスト10-1-1　app/layout.tsx

```
import "./globals.css";
import type { Metadata } from "next"; ――― 追加
import Header from "./_components/Header";
import Footer from "./_components/Footer";


export const metadata: Metadata = { ―
  metadataBase: new URL("http://localhost:3000"),
  title: {
    template: "%s | シンプルなコーポレートサイト",
    default: "シンプルなコーポレートサイト",
  },
  description:
```

追加

```
        "「Next.js ＋ヘッドレスCMSではじめる！⏎
かんたん・モダンWebサイト制作入門」で作成されるサイトです。",
  openGraph: {
    title: "シンプルなコーポレートサイト",
    description:
      "「Next.js ＋ヘッドレスCMSではじめる！⏎
かんたん・モダンWebサイト制作入門」で作成されるサイトです。",
    images: ["/ogp.png"],
  },
  alternates: {
    canonical: "http://localhost:3000",
  },
};
```

━┤追加│

```
export default function
```

ここではlocalhost:3000を指定していますが、実際の運用では本番のドメインを指定してください。

この状態でブラウザからhttp://localhost:3000にアクセスし、表示を確認してみましょう。トップページに移動して、ブラウザのデベロッパーツールを起動します。デベロッパーツールは、Windowsでは［Ctrl］＋［Shift］＋［I］キー、Macでは［Command］＋［Option］＋［I］キーで起動できます。

ツールを起動したら、HTMLを確認するために、要素タブを選択してheadタグ内を見てみましょう。

図10-1-2　デベロッパーツールの表示

<title>や<meta name="description">など、layout.tsxで設定した内容が追加されています。また、URLとして指定しているhttp://localhost:3000は、あくまでも仮の開発サーバーの指定です。実際は公開するURLを指定してください。

トップページは先ほど設定したメタデータで基本的には問題ありませんが、ニュースの一覧ページやメンバーページなど、ページの種類によって変更したい内容もあります。ページごとの設定の分け方について、具体的な方法を見ていきましょう。

ニュースの一覧ページの設定

まず、ニュースの一覧ページから設定します。第4章でも紹介したように、layout.tsxはappディレクトリに直接配置したものから、実際に表示されるページまでのlayout.tsxを継承します。今回設定しているメタデータも同様のルールで継承されるため、app/news配下のページのメタデータを設定します。app/news/layout.tsxを次のように修正しましょう。

app/layout.tsx
に記述したメタデータ
の設定が継承されるよ。

リスト**10-1-2** app/news/layout.tsx

```
import Hero from "@/app/_components/Hero";
import Sheet from "@/app/_components/Sheet";


export const metadata = {
  title: "ニュース",
};


type Props = {
  children: React.ReactNode;
};
```

追加

ここで追加した「ニュース」という文字列は、app/layout.tsxに記述したtitle.templateに適用されます。

リスト**10-1-3** app/layout.tsx

```
  title: {
    template: "%s | シンプルなコーポレートサイト",
    default: "シンプルなコーポレートサイト",
  },
```

ここに記述したルールに基づいて
タイトルが設定される

templateの「%s」部分でtitleに設定した「ニュース」が適用され、「ニュース | シンプルなコーポレートサイト」となります。これでapp/news配下のページでは、app/layout.tsxで設定したメタデータのうち、titleだけが異なる状態で設定ができました。

メンバーページ、問い合わせページの設定

メンバーページ、問い合わせページも同様に変更しましょう。

リスト**10-1-4** app/members/layout.tsx

```
import Hero from "@/app/_components/Hero";
import Sheet from "@/app/_components/Sheet";


export const metadata = {
  title: "メンバー",
};


type Props = {
  children: React.ReactNode;
};
```

追加

```
import Hero from "@/app/_components/Hero";
import Sheet from "@/app/_components/Sheet";

export const metadata = {
  title: "お問い合わせ",                    ┐追加
};

type Props = {
  children: React.ReactNode;
};
```

ダイナミックルーティングを使用したページの設定方法

トップページやニュースの一覧ページ、メンバーページなど特定のパスに固定されたページでは、必要な内容を直接ファイルに書き込むだけで済みます。しかし、ニュースの詳細ページのように、その内容がCMSで管理されている場合は、この方法では対応できません。

そこで、少し異なる方法でメタデータを設定します。app/news/[slug]/page.tsxを次のように変更してみましょう。

リスト10-1-6　app/news/[slug]/page.tsx

```
import type { Metadata } from "next";    ── 先頭に追加
import { notFound } from "next/navigation";
import { getNewsDetail } from "@/app/_libs/microcms";

(省略)

  searchParams: {
    dk?: string;
  };
;

export async function generateMetadata⏎
({ params, searchParams }: Props): Promise<Metadata> {
  const data = await getNewsDetail(params.slug, {
    draftKey: searchParams.dk,
  });

  return {
    title: data.title,
    description: data.description,
    openGraph: {
      title: data.title,
      description: data.description,
      images: [data?.thumbnail?.url ?? ""],
    },
  };
}
```
（追加）

（次ページへ続く）

```
export default async function Page({ params, searchParams }: Props) {
  const data = await getNewsDetail(params.slug, {
    draftKey: searchParams.dk,
  }).catch(notFound);
```

トップページなどでmetadataというオブジェクトをエクスポートしたのと同様に、generate Metadataという関数をエクスポートすると設定ができます。この関数はデフォルトでエクスポートしているPage関数と同様に、paramsやsearchParamsを受け取れるため、そのページで表示されるCMSから取得したコンテンツの内容をもとにメタデータを設定できます。

10-1-2 | 特定のファイルをappディレクトリに配置しよう

次に、特定の名称のファイルを直接appディレクトリに配置する方法を見ていきましょう。

この方法では、Next.jsが定めた特定のファイルをappディレクトリに追加することで、自動的にそのファイルに関連するメタデータをもとにhead要素が更新されます。

本書では、そのファイルのうち、favicon、robots.txt、sitemap.xmlについて紹介します。

図10-1-3 faviconが設定されている

faviconの設定

まずはfaviconの設定です。ただ実はもうすでにfaviconの設定は完了しています。初期設定の時点でappディレクトリの直下にfavicon.icoが設置されています。ブラウザでhttp://localhost:3000を開き、タブの部分を確認するとfaviconが設定されていることを確認できます。

さらに、head要素を確認するためにデベロッパーツールも利用して確認してみましょう（図10-1-4）。

```
      <meta property="og:image" content="http://localhost:3000/ogp.png">
      <meta name="twitter:card" content="summary_large_image">
      <meta name="twitter:title" content=" シンプルなコーポレートサイト ">
      <meta name="twitter:description" content="「Next.js +ヘッドレス CMS ではじめる! かんたん・モダン Web サ
      イト制作入門」で作成されるサイトです。">
      <meta name="twitter:image" content="http://localhost:3000/ogp.png">
···   <link rel="icon" href="/favicon.ico" type="image/x-icon" sizes="16x16"> == $0
      <script src="/_next/static/chunks/polyfills.js" nomodule></script>
      <link rel="preload" as="style" href="/_next/static/css/app/layout.css?v=1717917742946">
      <link rel="preload" as="style" href="/_next/static/css/app/page.css?v=1717917742946">
    </head>
  ▼ <body>
    ▶ <header class="Header_header__gGK2p"> ··· </header> (flex)
      ◀ section class="page-top DnZwK"> ◀ </section> (flex)
```

図10-1-4 デベロッパーツールの表示

このようにlink要素が自動で追加されました。Next.jsでは特定のファイルを配置するだけでhead要素内に必要な要素を追加してくれます。

一度appディレクトリのfavicon.icoを削除してlink要素が消えることも確認しておきましょう（図10-1-5）。

```
        <meta property="og:description" content="「Next.js ＋ヘッドレス CMS ではじめる! かんたん・モダン Web サイ
    ト制作入門」で作成されるサイトです。">
        <meta property="og:image" content="http://localhost:3000/ogp.png">
        <meta name="twitter:card" content="summary_large_image">
        <meta name="twitter:title" content=" シンプルなコーポレートサイト ">
        <meta name="twitter:description" content="「Next.js ＋ヘッドレス CMS ではじめる! かんたん・モダン Web サ
    イト制作入門」で作成されるサイトです。">
        <meta name="twitter:image" content="http://localhost:3000/ogp.png">
        <script src="/_next/static/chunks/polyfills.js" nomodule></script>
        <link rel="preload" as="style" href="/_next/static/css/app/layout.css?v=1717918358379">
        <link rel="preload" as="style" href="/_next/static/css/app/page.css?v=1717918358379">
    </head>
  ▼ <body>
    ▶ <header class="Header_header__gCK3n"> ⋯ </header> (flex)
```

図10-1-5　link要素が消える

先ほどまであったlink要素が消えて、appディレクトリに配置するだけでlink要素が自動で追加されることを確認できました。最後にfaviconの設定を再度行うため、3章でダウンロードしたpublicディレクトリにあるfavicon.icoをappディレクトリに移動させます。

robots.txtの設定

robots.txtとは、どのようなファイルなのでしょうか。Googleの公式ドキュメントには「robots.txtファイルとは、検索エンジンのクローラーに対して、サイトのどのURLにアクセスしてよいかを伝えるものです」とあります（※10-1）。それでは同じようにrobots.txtも追加してみましょう。今度はVSCodeでファイルを作成します。

リスト10-1-7　app/robots.txt
```
User-agent: *
Allow: /
```

robots.txtはhead要素内に追加すべき要素はないので、特に変化はありません。ブラウザでhttp://localhost:3000/robots.txtにアクセスすると、先ほど記述した内容のファイルが表示されることが確認できます。

ファイルを追加するだけで設定が完了するんだね！

※10-1　Google公式ドキュメント「robots.txtの概要」より引用
　　　　 https://developers.google.com/search/docs/crawling-indexing/robots/intro?hl=ja

SECTION 10-2 | サイトマップを用意しよう

この節ではサイトマップの設定方法について見ていきましょう。

10-2-1 | サイトマップとは

サイトマップとは**そのWebサイト上のページや、動画などのファイルについての情報や、各ファイルの関係を伝えるもの**です。検索エンジンはこのファイルを読み込んで、より効率的にクロールを行います（※10-2）。

ディレクトリ構成図

今回作成しているWebサイトでは、ニュース詳細ページの情報やニュースのカテゴリーをmicroCMSで管理しています。そのため、favicon.icoやrobots.txtのように、サイトマップのファイルを事前に用意しておくのは困難です。

Next.jsを使用する場合、sitemap.tsというファイルでメタデータを定義します。このファイルを通じて、動的にコンテンツを管理しつつ、サイトマップを適切に生成できます。

appディレクトリの配下にsitemap.tsを作成し、次のように記述してみましょう。

リスト**10-2-1 app/sitemap.ts**

```
import { MetadataRoute } from "next";

const buildUrl = (path?: string) => `http://localhost:3000${path ?? ""}`;

export default async function sitemap(): Promise<MetadataRoute.Sitemap> {
  const now = new Date();

  return [
    {
      url: buildUrl(),
      lastModified: now,
    },
    {
      url: buildUrl("/members"),
      lastModified: now,
    },
    {
      url: buildUrl("/contact"),
      lastModified: now,
    },
    {
      url: buildUrl("/news"),
      lastModified: now,
    },
```

※10-2　サイトマップがそのサイトにとって必要なのかどうかはGoogleが提供しているドキュメントが参考になります。
https://developers.google.com/search/docs/crawling-indexing/sitemaps/overview?hl=ja

```
  ];
}
```

　ここでもURL部分にはlocalhostを使用していますが、実際の運用の際は、本番のURLを使用してください。

　このようにsitemapという関数をエクスポートすることで、returnされているデータがサイトマップとして認識されます。この状態で、ブラウザでhttp://localhost:3000/sitemap.xmlにアクセスしてみましょう。sitemap.xmlの形式に合うようにNext.jsが自動的に組み立ててくれています（図10-2-1）。

```
This XML file does not appear to have any style information associated with it. The document tree is shown below.

▼<urlset xmlns="http://www.sitemaps.org/schemas/sitemap/0.9">
  ▼<url>
      <loc>http://localhost:3000</loc>
      <lastmod>2024-06-09T07:34:44.943Z</lastmod>
    </url>
  ▼<url>
      <loc>http://localhost:3000/members</loc>
      <lastmod>2024-06-09T07:34:44.943Z</lastmod>
    </url>
  ▼<url>
      <loc>http://localhost:3000/contact</loc>
      <lastmod>2024-06-09T07:34:44.943Z</lastmod>
    </url>
  ▼<url>
      <loc>http://localhost:3000/news</loc>
      <lastmod>2024-06-09T07:34:44.943Z</lastmod>
    </url>
  </urlset>
```

図**10-2-1**　サイトマップのデータが返却される

　それでは、次に個別のニュース詳細ページと、ニュースのカテゴリーページもサイトマップに反映しましょう。ただし、現状のapp/_libs/microcms.tsには最大100件までのコンテンツを取得する関数しかありません。そのため、ニュースのコンテンツとカテゴリーのコンテンツをmicroCMSからすべて取得する関数をapp/_libs/microcms.tsに追加しましょう。

リスト**10-2-2**　**app/_libs/microcms.ts**

```
export const getCategoryDetail = async (

（省略）

};


export const getAllNewsList = async () => {          ┐
  const listData = await client.getAllContents<News>({ │
    endpoint: "news",                                  │
  });                                                  │
  return listData;                                     │
};                                                     │
                                                       ├ 追加
export const getAllCategoryList = async () => {        │
  const listData = await client.getAllContents<Category>({ │
    endpoint: "categories",                            │
  });                                                  │
  return listData;                                     │
};                                                     ┘
```

microcms-js-sdk には getAllContents というすべてのコンテンツを取得するメソッドが用意され
ています。これを使ってニュースとニュースカテゴリーのコンテンツをすべて取得する関数を実装し
ました。早速、この関数を使用してニュース詳細ページとニュースカテゴリーページをサイトマップ
の実装に追加しましょう。

リスト 10-2-3 app/sitemap.ts

```ts
import { MetadataRoute } from "next";                                        // 追加
import { getAllCategoryList, getAllNewsList } from "./_libs/microcms";       // 追加

const buildUrl = (path?: string) => `http://localhost:3000${path ?? ""}`;

export default async function sitemap(): Promise<MetadataRoute.Sitemap> {
  const newsContents = await getAllNewsList();
  const categoryContents = await getAllCategoryList();

  const newsUrls: MetadataRoute.Sitemap = ↵
newsContents.map((content) => ({
    url: buildUrl(`/news/${content.id}`),
    lastModified: content.revisedAt,                                         // 追加
  }));
  const categoryUrls: MetadataRoute.Sitemap = ↵
categoryContents.map((content) => ({
    url: buildUrl(`/news/category/${content.id}`),
    lastModified: content.revisedAt,
  }));


  const now = new Date();

  return [
    {
      url: buildUrl(),
      lastModified: now,
    },
    {
      url: buildUrl("/members"),
      lastModified: now,
    },
    {
      url: buildUrl("/contact"),
      lastModified: now,
    },
    {
      url: buildUrl("/news"),
      lastModified: now,
    },
```

```
    ...newsUrls,
    ...categoryUrls,                  ── 追加
  ];
}
```

　もう一度、ブラウザでhttp://localhost:3000/sitemap.xmlにアクセスしてみると、その時点でCMSに登録されているコンテンツのページが追加されています。

　sitemap.xmlについての実装ができたのでrobots.txtにもサイトマップの情報を追記しておきましょう。ここでもlocalhost:3000を指定していますが、実際の運用では本番のドメインを指定してください。

リスト**10-2-4　app/robots.txt**
```
User-agent: *
Allow: /
Sitemap: http://localhost:3000/sitemap.xml     ── 追加
```

　また今回は、sitemap.xmlをテーマにtsファイルで設定する方法を紹介しましたが、この方法はfaviconやrobots.txtにも有効です。気になった人は下記のURLからNext.jsのドキュメントを読んでみてください。

URL https://nextjs.org/docs/app/api-reference/file-conventions/metadata/app-icons#generate-icons-using-code-js-ts-tsx

URL https://nextjs.org/docs/app/api-reference/file-conventions/metadata/robots#generate-a-robots-file

APIから取得したデータも使えるから、かなり柔軟に設定できるね！

アナリティクスの設定をしよう

この節ではNext.jsにおけるアナリティクスの設定方法を見ていきましょう。

　現代、Webサイトを運用する上でアクセス解析をしないことのほうが珍しいのではないでしょうか。そんなアナリティクスは、多くの場合Google Analyticsか、またはGoogle Tag Manager経由で設定することになります。

　そこで、この節ではNext.jsにおけるGoogle AnalyticsとGoogle Tag Managerの設定方法について紹介します。ただし、Google AnalyticsやGoogle Tag Managerなど、個別のツールの設定方法自体は、本書では解説しません。Google Analyticsを利用する場合は「G-」からはじまる測定IDを、Google Tag Managerを利用する場合は「GTM-」からはじまるコンテナIDを、あらかじめ取得しておいてください。

`URL` https://developers.google.com/analytics?hl=ja, https://developers.google.com/tag-platform/tag-manager/web?hl=ja

10-3-1 | サードパーティスクリプトの読み込み

　Google AnalyticsやGoogle Tag Managerなど、**外部のドメインから読み込むスクリプトのことをサードパーティスクリプトといいます。**通常、サードパーティスクリプトは読み込むタイミングに気をつけないと、パフォーマンスを低下させることにつながります。

　Next.jsは、主要なサードパーティスクリプトに対応した@next/third-partiesというパッケージを公開しています。アナリティクスの設定を行う前に、まずはこのパッケージをインストールしましょう。

```
npm install @next/third-parties@14.1.4
```

10-3-2 | Google Analyticsでの使用方法

　それでは、Google Analyticsでの使用方法について見ていきましょう。すべてのページに適用するために、app/layout.tsxにGoogle Analytics用のコンポーネントをインポートして使用します。

リスト**10-3-1** app/layout.tsx
```
import "./globals.css";
import { GoogleAnalytics } from "@next/third-parties/google";    ── 追加
import type { Metadata } from "next";

(省略)

export default async function RootLayout({ children }: Props) {
  return (
```

```
  <html lang="ja">
    <body className={styles.body}>
      <Header />
      {children}
      <Footer />
    </body>
    <GoogleAnalytics gaId="G-XXX" /> ─────[ 追加 ]
  </html>
);
}
```

たったこれだけで基本の設置は完了です。

Google Analytics コンポーネントの裏側

この Google Analytics コンポーネントの裏側では何が行われているのでしょうか。実は難しいことはしておらず、next/script コンポーネントを呼び出して指定された gaId をもとに、Google Analytics 用のスクリプトを実行しているだけなのです。

ここで新たに next/script というコンポーネントが出てきました。これは Next.js が提供しているサードパーティスクリプトを最適化するためのコンポーネントです。主な機能として、指定したスクリプトの読み込みタイミングの調整を行っています。

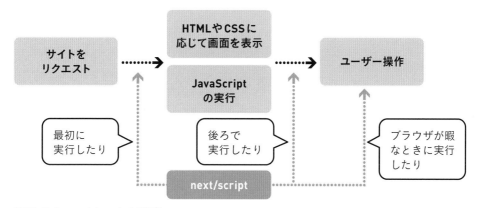

図10-3-A　next/scriptの役割

HTML の script タグに似た機能として async や defer がありますが、これらよりもさらに柔軟にタイミングの調整が行えます。サードパーティスクリプトの読み込みは、得てして Web サイトのパフォーマンスにとってはマイナス要因となることが多いのが実情です。しかし、だからといって使用をやめるというわけにはいきません。そこで、next/script を用いて読み込みタイミングを調整することで、Web サイトのパフォーマンスへの影響をできるだけ抑えています。

使用するサードパーティスクリプトによって適切なタイミングがあるので、状況に合わせて設定する必要があります。今回の Google Analytics コンポーネントは next/script のデフォルト動作である、afterInteractive になっています。これは React の実行準備ができた後、といった意味になります。このように Web サイトにおけるパフォーマンスのボトルネックになるポイントを潰してくれる機構が用意されているのも Next.js の強みです。

ページ遷移した後のデータを計測できるようにする

Next.jsのようにページ間の遷移をJavaScriptで行う形式のWebサイトでは、注意すべき重要なポイントがあります。この形式では、Google Analyticsがデフォルトで計測するページビューのイベントが初めて訪れたページでしか機能せず、その後のページ遷移におけるページビューのデータが計測されないことがあります。

ただし、Google Analytics側にもそのための設定があり、これを回避することができます。その手順について見ていきましょう。

まず、今回gaIdに設定したIDのプロパティの管理画面に移動し、データストリームから該当のストリームの詳細に移動します。その後、拡張計測機能の設定を開いてください（図10-3-1）。

図10-3-1 拡張計測機能の設定を開く

ページビュー数の「詳細設定を表示」をクリックすると、「ブラウザの履歴イベントに基づくページの変更」というチェックボックスがあります。これにチェックを入れ、保存します（図10-3-2）。

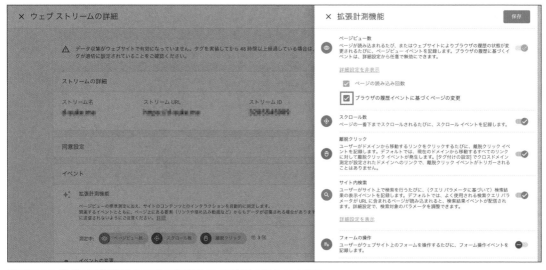

図10-3-2 「ブラウザの履歴イベントに基づくページの変更」をチェックする

これで、JavaScriptによってページ遷移が行われた場合も、ページビューが測定されるようになりました。

イベントの送信に対応する

Google Analyticsではイベントの送信もできますが、そのためのメソッドもこのパッケージから提供されています。その使用方法について、問い合わせフォームがイベントを送信する場面を例に見ていきましょう。

ContactFormコンポーネントにSendGAEventをインポートして使用します。

リスト**10-3-2** **app/_components/ContactForm/index.tsx**

```
"use client";

import { sendGAEvent } from "@next/third-parties/google"; ───── 追加
import { createContactData } from "@/app/_actions/contact";
import { useFormState } from "react-dom";

（省略）

export default function ContactForm() {
    const [state, formAction] = useFormState(createContactData, ⏎
initialState);
  console.log(state);

  const handleSubmit = () => { ─────────
    sendGAEvent({ event: "contact", value: "submit" });    追加
  } ─────────

  if (state.status === "success") {
    return (
      <p className={styles.success}>
        お問い合わせいただき、ありがとうございます。
        <br />
        お返事まで今しばらくお待ちください。
      </p>
    );
  }
  return (
    <form
      className={styles.form}
      action={formAction}
      onSubmit={handleSubmit} ───── 追加
    >
```

sendGAEventは、ユーザーインタラクションを測定するために使用される関数です。引数に渡した値をもとに、dataLayerオブジェクトを介してインタラクションを測定します。

Google Analytics 4のイベントの仕組みについては公式ドキュメントを参照してください。ここで

は、イベント名をcontact、イベントパラメータの名前をvalue、その値をsubmitとして測定していま
す。

URL https://developers.google.com/analytics/devguides/collection/ga4/events?client_type
=gtag&sjid=5341487190301532707-AP&hl=ja

10-3-3 | Google Tag Managerでの使用方法

次はGoogle Tag Managerでの使用方法を見ていきましょう。基本的にはGoogle Analyticsの場合
と同様で、全体のレイアウトとなっているapp/layout.tsxにコンポーネントを追加します。

リスト10-3-3　app/layout.tsx
```
import "./globals.css";
import { GoogleTagManager } from "@next/third-parties/google"; ──── 追加
import type { Metadata } from "next";

(省略)

export default async function RootLayout({ children }: Props) {
  return (
    <html lang="ja">
      <body className={styles.body}>
        <Header />
        {children}
        <Footer />
      </body>
      <GoogleTagManager gtmId="GTM-XXX" /> ──── 追加
    </html>
  );
}
```

そして、GTMでのイベントも同様にメソッドが提供されています。同じように問い合わせフォーム
を例に説明します。

リスト10-3-4　app/_components/ContactForm/index.tsx
```
"use client";

import { sendGTMEvent } from "@next/third-parties/google"; ──── 追加
import { createContactData } from "@/app/_actions/contact";
import { useFormState } from "react-dom";

(省略)

export default function ContactForm() {
    const [state, formAction] = useFormState(createContactData, ↵
initialState);
  console.log(state);
```

```
const handleSubmit = () => {
  sendGTMEvent({ event: "contact", value: "submit" });  追加
}

if (state.status === "success") {
  return (
    <p className={styles.success}>
      お問い合わせいただき、ありがとうございます。
      <br />
      お返事まで今しばらくお待ちください。
    </p>
  );
}
return (
  <form
    className={styles.form}
    action={formAction}
    onSubmit={handleSubmit}  追加
  >
```

　このように、Next.js が提供する便利なラッパーによって、アナリティクスの設定も数行の追加で対応ができます。

これを使えばとても簡単に導入できるね！

Core Web Vitalsの
対策をしよう

この節では、Core Web Vitalsについての基礎知識やNext.jsにおける実装テクニックや改善方法について解説していきます。

Core Web VitalsとはWebサイトのユーザー体験を向上させるために、Googleが導入した指標です。主にページの読み込みパフォーマンス、インタラクティブ性、視覚的安定性といった観点でユーザー体験を測定します。この測定結果はGoogle検索のランキングにも影響するため、意識しておいたほうがいいでしょう。

ただし、Core Web Vitalsが改善されたから問題なしとはいえません。あくまでも、現時点におけるユーザー体験の高さを測る指標として、Googleが提唱しているものであり、将来的に指標そのものが変更される可能性もあります。前提として、使いやすいWebサイトを作るということが何よりも重要です。

10-4-1 | Core Web Vitals の三大指標

まず、ページの読み込みパフォーマンス、インタラクティブ性、視覚的安定性について、Core Web Vitalsが定めている指標を詳しく紹介します。

Largest Contentful Paint（LCP）：ページの読み込みパフォーマンス

ページの主要コンテンツが読み込まれて表示されるまでの時間を測定します。これは、ユーザーがページを訪れてから最大のテキストブロック、または画像が画面に表示されるまでの時間を意味します。

Interaction to Next Paint（INP）：インタラクティブ性

1ユーザーによるページ訪問の全期間を通じて発生するすべてのクリック、タップ、キーボード操作のレイテンシを測定し、ユーザー操作に対するページの全体的な応答性を評価する指標です。つまり、ユーザーが何かのアクションをしたときにすぐに反応があるかということですね。

Cumulative Layout Shift（CLS）：視覚的安定性

ページの読み込み中やインタラクション時に、視覚的な要素がどの程度不意に移動するかを測定します。これは、ユーザーが意図しないクリックを引き起こす可能性があるページの不安定さを示します。例えば、ページが完全に読み込まれる前にボタンが移動し、ユーザーが間違ったボタンをクリックしてしまう場合などがこれに該当します。

10-4-2 | Lighthouseを使用して計測しよう

Core Web Vitalsがどのような指標かは理解してもらえたと思います。次に、これまで作成してきた

Webサイトがどこまで最適化されている状態なのかを見てみましょう。

　計測には、**Lighthouse**というWebサイトを分析・診断するためのツールを使用します。Lighthouse はGoogleChromeに備え付けられています。ブラウザにGoogleChrome以外を使用している人は、こ こからの操作はGoogleChromeで行ってください。

　Lighthouse で　は、Core Web Vitalsのうち LCP と CLS が計測可能 になっています。第8章でVercelに デプロイしたので、そのページで計 測をしてみましょう。Vercelのダッ シュボードから公開されているURL に移動してください（トップページ）。

　その後、デベロッパーツールを開 いて、「Lighthouse」のタブを選択し ます。そして、図10-4-1のように設 定をして計測を開始しましょう。

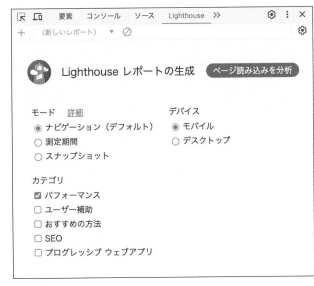

図**10-4-1　Lighthouse**の設定

　測定結果を見てみましょう（図10- 4-2）。なんと、パフォーマンスで100 点が出ています（Lighthouseの内部 的なバージョンなどにより誤差はあ るので、この段階で100点が出ない 可能性もあります）。

　このように、Next.jsは特に何も意 識せずとも、最適化されたWebサイ トを構築することができます。もち ろん、Webサイトに表示する内容な どにより差はありますが、ある程度 Next.jsのレールに乗ってさえいれ ば自然とパフォーマンスのよいWeb サイトが作れるのです。

図**10-4-2**　パフォーマンスの測定結果

これが
Next.jsの
チカラ！
すごいね

改善点を確認する

　先ほどの測定結果を、少しスクロールしてみてください。図10-4-3のような項目が表示されている
かと思います（Lighthouseのバージョンや通信状況によっては完全に同じ項目が表示されるとは限
りません。もしこの節で取り扱う項目がない場合は、もう少しスクロールしたところにある「合格し
た監査」の中に項目があるのでそちらを参照してください）。

図10-4-3　測定結果の詳細

　このように、Lighthouseは、現在のWebサイトの状態から見て、改善できるポイントを教えてくれ
ます。「Largest Contentful Paint の画像が遅延読み込みされています」と表示されている部分をク
リックしてみましょう。

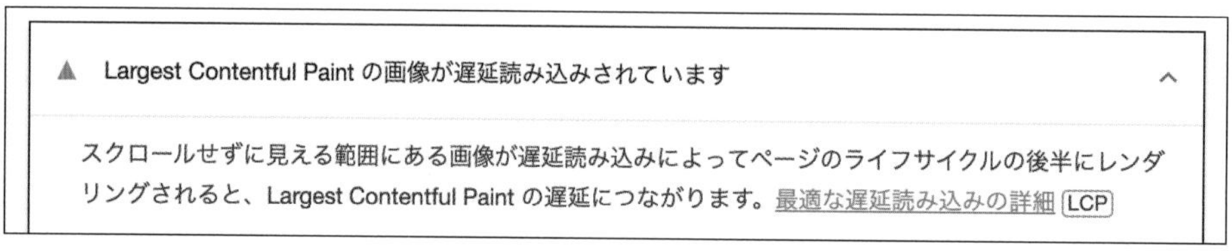

> ▲　Largest Contentful Paint の画像が遅延読み込みされています　　　　　　　　　　　⌃
>
> 　スクロールせずに見える範囲にある画像が遅延読み込みによってページのライフサイクルの後半にレンダ
> リングされると、Largest Contentful Paint の遅延につながります。最適な遅延読み込みの詳細 [LCP]

図10-4-4　警告の詳細①

すると、図10-4-4のように個別の警告の詳細が表示されます。説明を読んでみると、「スクロールせずに見える範囲にある画像が遅延読み込みによってページのライフサイクルの後半にレンダリングされると、Largest Contentful Paintの遅延につながります」とあります。これはどういうことでしょうか。

Largest Contentful Paint（LCP）は、ページの主要コンテンツが読み込まれて表示されるまでの時間です（280ページ）。つまり、画面上で最初に見える背景画像などの重要な画像が遅延読み込みされるため、LCPが遅れるということが指摘されています。これは、Next.jsの画像コンポーネントがデフォルトでは遅延読み込みをしているために生じる問題です。

もう1つ改善ポイントを見てみましょう。「適切なサイズの画像」と表示されている部分をクリックします。

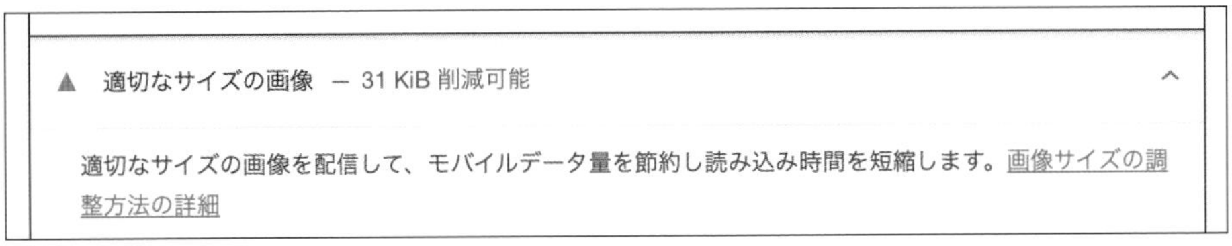

```
▲  適切なサイズの画像 — 31 KiB 削減可能                                        ^

適切なサイズの画像を配信して、モバイルデータ量を節約し読み込み時間を短縮します。画像サイズの調
整方法の詳細
```

図10-4-5　警告の詳細②

「適切なサイズの画像を配信して、モバイルデータ量を節約し読み込み時間を節約します。」とあり、現在配信中の画像のサイズが実際に必要とされるサイズよりも大きいことが指摘されています（図10-4-5）。こちらもNext.jsの画像コンポーネントの動作が関係しています。

この2つの改善点の指摘について、次の項から具体的に対処していきましょう。

10-4-3 │ 優先的に読み込む画像を設定しよう

まずは1つめの「Largest Contentful Paintの画像が遅延読み込みされています」という指摘について、改善していきましょう。まず、現在の状態をHTMLで確認してみます。

開発サーバーを立ち上げ、ブラウザでトップページにアクセスしてから、デベロッパーツールを開いてください。背景画像の要素を確認します（図10-4-6）。

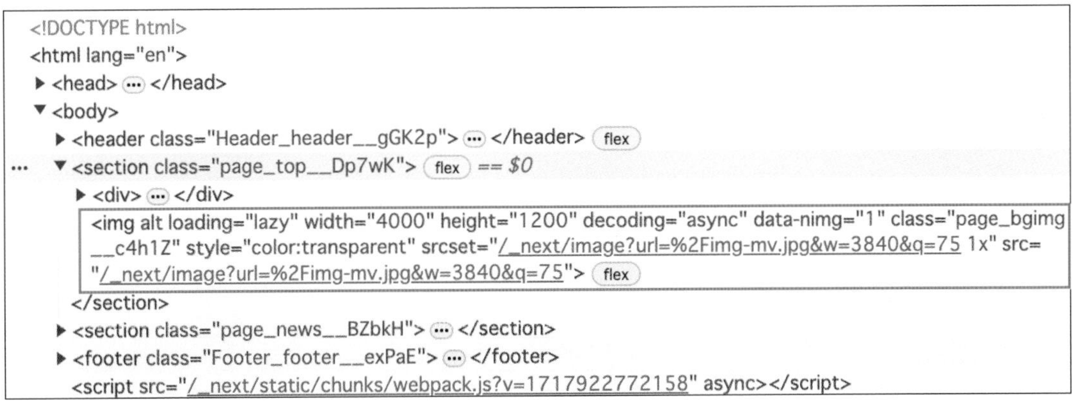

```html
<!DOCTYPE html>
<html lang="en">
▶ <head> ... </head>
▼ <body>
    ▶ <header class="Header_header__gGK2p"> ... </header>  flex
··· ▼ <section class="page_top__Dp7wK">  flex  == $0
      ▶ <div> ... </div>
        <img alt loading="lazy" width="4000" height="1200" decoding="async" data-nimg="1" class="page_bgimg
        __c4h1Z" style="color:transparent" srcset="/_next/image?url=%2Fimg-mv.jpg&w=3840&q=75 1x" src=
        "/_next/image?url=%2Fimg-mv.jpg&w=3840&q=75">  flex
    </section>
    ▶ <section class="page_news__BZbkH"> ... </section>
    ▶ <footer class="Footer_footer__exPaE"> ... </footer>
      <script src="/_next/static/chunks/webpack.js?v=1717922772158" async></script>
```

図10-4-6　背景画像のimgタグ

imgタグの属性を見てみると、loading属性がlazyになっています。これが前述のnext/imageコンポーネントのデフォルトの動作です。これを変更してみましょう。

リスト**10-4-1　app/page.tsx**

```
    <section className={styles.top}>
      <div>
        <h1 className={styles.title}>テクノロジーの力で世界を変える</h1>
        <p className={styles.description}>
          私たちは市場をリードしているグローバルテックカンパニーです。
        </p>
      </div>
      <Image
        className={styles.bgimg}
        src="/img-mv.jpg"
        alt=""
        width={4000}
        height={1200}
        priority ─────[追加]
      />
    </section>
```

next/imageコンポーネントにpriorityを追加しました。再度、ブラウザのデベロッパーツールを確認してみましょう（図10-4-7）。

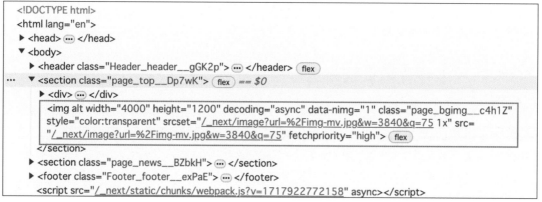

図**10-4-7　img**タグの属性が変化する

imgタグのloading属性がなくなり、代わりにfetchpriorityがhighになりましたね。このfetchpriority（※10-3）は、画像の取得に関して優先度を定義することができます。

さらにheadタグ内も見てみましょう（図10-4-8）。

※10-3　現時点では実験的に備えられている機能ですが、有効なブラウザとそうでないブラウザがあります。

```
<!DOCTYPE html>
<html lang="en">
···▼ <head> == $0
    <meta charset="utf-8">
    <meta name="viewport" content="width=device-width, initial-scale=1">
    <link rel="preload" as="image" href="/logo.svg" fetchpriority="high">
    <link rel="preload" as="image" href="/close.svg" fetchpriority="high">
    <link rel="preload" as="image" imagesrcset="/_next/image?url=%2Fimg-mv.jpg&w=3840&q=75 1x"
    fetchpriority="high">
    <link rel="preload" as="image" href="/clock.svg">
    <link rel="stylesheet" href="/_next/static/css/app/layout.css?v=1717922903928" data-precedence="next_
    static/css/app/layout.css">
    <link rel="stylesheet" href="/_next/static/css/app/page.css?v=1717922903928" data-precedence="next_s
    tatic/css/app/page.css">
```

図10-4-8 headタグ

rel属性がpreloadのlinkタグがありますね。imagesrcsetを見ると、先ほどの背景画像のURLと同じであることがわかります。これも画像の取得に関するもので、あらかじめ必要な画像についてブラウザに伝えることで、その画像が必要になったときにすぐに利用できるようにする機能です。

このようにnext/imageコンポーネントにpriorityをセットすることで、画像の取得が優先的に行われるような動作に変更されます。また「画像の取得を優先的にしたいわけではないが、遅延読み込みを回避したい」というときには、loading属性をeagerにしましょう。

10-4-4 | レスポンシブ画像を実装しよう

次は「適切なサイズの画像」の指摘について、改善していきます。

レスポンシブ画像について

はじめに、Webサイトの画像において重要な「**レスポンシブ画像**」について知っておきましょう。レスポンシブ画像とは画面サイズや解像度など、**さまざまな機能が異なるデバイスにおいても適切に動作する画像**のことです。

例えば、多くのモバイル端末の画面横幅は約400pxですが、デスクトップ端末では1280pxや1980pxといった広い画面幅を持っています。デスクトップ用に大きなサイズの画像をモバイル端末でも使用すると、データの無駄遣いにつながります。さらに、高解像度ディスプレイを持つAndroidデバイスや、Retinaディスプレイでは、通常の2倍から3倍の画像サイズが求められます。このため、異なるデバイスに最適な画像を提供するにはレスポンシブ画像が不可欠です。

next/imageにおけるレスポンシブ画像

next/imageコンポーネントは簡易的ではあるものの、デフォルトでレスポンシブ画像を実装しています。一度、ブラウザの検証ツールで確認してみましょう。

```
<img

(省略)

srcset="/_next/image?url=%2Fimg-mv.jpg&amp;w=3840&amp;q=75 1x"
src="/_next/image?url=%2Fimg-mv.jpg&amp;w=3840&amp;q=75"
>
```

背景画像のimgタグに注目してみると、srcset属性がセットされています。srcsetは見たことがない方もいるかもしれません。このsrcsetには、複数の画像URLを設定できます。ブラウザはその情報を読み取り、そのときに最適な画像を選択して表示します。

　現状だと、srcsetには1つの画像しかないのでブラウザに選択の余地はありません。そこで以下のように、コンポーネントに渡すpropsを変更してみましょう。

リスト10-4-2　app/page.tsx

```
      <Image
        className={styles.bgimg}
        src="/img-mv.jpg"
        alt=""
        width={4000}    ┐
        height={1200}   ┘── 追加
        priority
      />
```

　そうすると、imgタグのsrcsetが次のように変更されます。

```
srcset="/_next/image?url=%2Fimg-mv.jpg&w=1080&q=75 1x, /_next/image?url↩
=%2Fimg-mv.jpg&w=2048&q=75 2x"
```

　next/imageコンポーネントは渡したpropsによってsrcsetの形式を最適化します。今回の場合、元々4000pxだったwidthの値を1000pxにしたことで、1ピクセルあたりの解像度が等倍のものは1080サイズの画像を提供し、2倍のものには2048サイズの画像を提供するようになりました。

sizesを使用して細かく設定する

　次に、もう少し細かく設定のできる方法を見ていきましょう。再度next/imageコンポーネントに渡すpropsを変更します。

リスト10-4-3　app/page.tsx

```
      <Image
        className={styles.bgimg}
        src="/img-mv.jpg"
        alt=""
        width={4000}
        height={1200}
        priority
        sizes="100vw"   ── 追加
      />
```

　そうするとimgタグに大きな変化が起きます。

```
<img

（省略）
```

286

```
  srcset="/_next/image?url=%2Fimg-mv.jpg&amp;w=640&amp;q=75 640w, ↵
/_next/image?url=%2Fimg-mv.jpg&amp;w=750&amp;q=75 750w, /_next/↵
image?url=%2Fimg-mv.jpg&amp;w=828&amp;q=75 828w, /_next/image?url=↵
%2Fimg-mv.jpg&amp;w=1080&amp;q=75 1080w, /_next/image?url=%2Fimg-mv.jpg↵
&amp;w=1200&amp;q=75 1200w, /_next/image?url=%2Fimg-mv.jpg&amp;↵
w=1920&amp;q=75 1920w, /_next/image?url=%2Fimg-mv.jpg&amp;w=2048&amp;↵
q=75 2048w, /_next/image?url=%2Fimg-mv.jpg&amp;w=3840&amp;q=75 3840w"
  src="/_next/image?url=%2Fimg-mv.jpg&amp;w=3840&amp;q=75"
  sizes="100vw"
>
```

　srcsetには多数の画像URLが設定され、sizesにセットした値もそのまま設定されました。たくさんの値が書いてあって複雑そうに見えますが、実はそこまで難しくありません。

　まず、srcsetの値は画像のURLとピクセル数が1セットになっており、複数のセットがカンマつながりで複数並んだ構造になっています。このsrcsetは、あくまでもブラウザにこういった画像を用意しているよ、という選択肢を示す役割を持っています。後述しますが、実際にどの画像を選択するべきかは、sizesの値によって決まります。

　次はsizesについてです。先ほど軽く触れた通り、この値によって実際に表示される画像が決まります。トップページの背景画像を例に考えてみましょう。今回、imgタグにセットされたsrcsetでは、640から3840まで8枚の画像が選択肢として用意されています。そして、sizesは100vwとなっています。この100vwはCSSにおける記述と同じように、ブラウザのビューポートのサイズを表します（ただし、％を使用することはできません）。

　例えば、1920pxのディスプレイでこのサイトを見た際、1920サイズの画像が表示されます（全画面表示の場合）。このとき100vwは1920pxを表すので、その幅を埋めるべく1920px以上の画像の中で最小のものが選ばれます。

　それでは、モバイル端末の場合は、どうなるのでしょうか。ここでは360pxの解像度が3倍のAndroid端末の場合、画面幅は360pxですが必要なピクセル数はその3倍の1080pxになるため、ちょうど1080サイズの画像が選択されます（図10-4-9）。

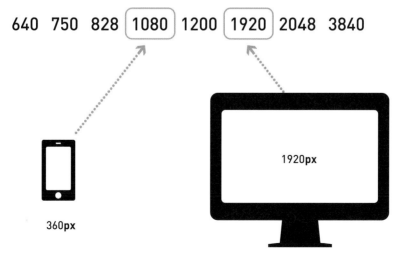

図10-4-9　端末ごとの必要なピクセル数

メディアクエリを使用したレスポンシブ画像

さらに、sizesはメディアクエリを記述することができるため、画面幅によって必要な画像サイズを変更することもできます。次のように変更してみましょう。

リスト10-4-4　app/page.tsx

```
<Image
  className={styles.bgImg}
  src="/img-mv.jpg"
  alt=""
  width={4000}
  height={1200}
  priority
  sizes="(max-width: 640px) 100vw, 50vw"  ——[追加]
/>
```

描画されるimgタグにはsizes以外の変化はありませんが、これで動作が変更されました。先ほどまではすべての画面幅において、画面幅いっぱいのサイズの画像を要求する設定になっていました。しかし、この変更により641px以降は画面幅の半分のサイズの画像を要求するようになります。実際にWebサイトを運用していく上では、すべての画面幅において同じ値でsizesを設定する場面は少ないので、メディアクエリをぜひ活用してみてください。

モバイルでは画面幅いっぱい、デスクトップでは小さく表示するみたいなケースに使えるね

最終的に、背景画像の部分は次の設定にしておきましょう。

リスト10-4-5　app/page.tsx

```
<Image
  className={styles.bgImg}
  src="/img-mv.jpg"
  alt=""
  width={4000}
  height={1200}
  priority
  sizes="100vw"
/>
```

Lighthouse の点数を再測定する

この節のまとめとして、もう一度Lighthouseで測定をしてみます。一度、コミットを作成してプッシュしましょう。Vercelの公開ページに反映します。

```
git add .
git commit -m "10章まで完了"
git push origin main
```

その後、最初の測定時と同様に、Vercelにデプロイしたサイトのトップページにアクセスし、デベロッパーツールのLighthouseのタブを開きます。最初と同じ設定内容で実行しましょう。測定結果の「合格した監査」という項目の中に、先ほどまで警告が表示されていた「Largest Contentful Paint の画像が遅延読み込みされています」と「適切なサイズの画像」が含まれていれば成功です（図10-4-10）。もしかすると、執筆当時と測定基準などが変わって合格していないこともあるかもしれません。その場合も、対象の画像などが示されているので今回の方法を使用して対処してみてください。

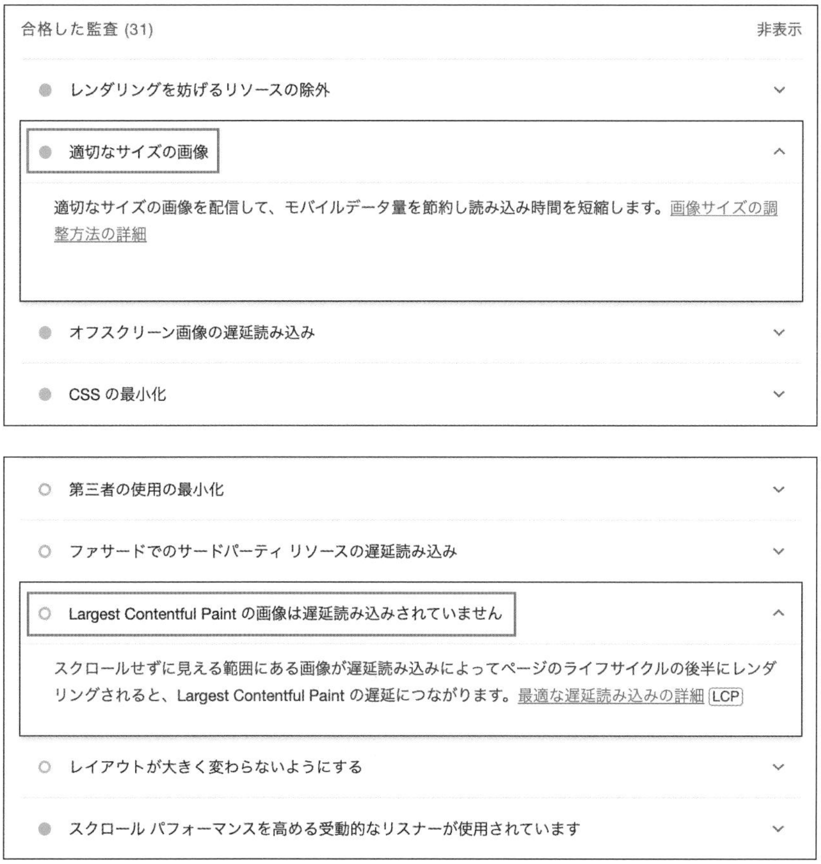

図10-4-10 「合格した要素」に追加される

今回はNext.jsが提供している多くの最適化機能のうち、画像に焦点を当てて紹介をしました。他にもサードパーティスクリプトの最適化やWebフォントの最適化などさまざまなものが提供されています。下記URLから、ぜひこれらの機能についても調べてみてください。

URL https://nextjs.org/docs/app/building-your-application/optimizing

索引

著者紹介

柴田和祈（しばた・かずき）
株式会社microCMS 取締役CXO
慶應義塾大学を卒業後、ヤフー株式会社にデザイナー入社。広告事業に約5年半従事し、フロントエンドエンジニアとしても経験を積む。2017年に株式会社microCMSを共同創業し、現在は組織作りや事業戦略作りがメイン。著書『React入門 React・Reduxの導入からサーバサイドレンダリングによるUXの向上まで』（翔泳社）。

森茂 洋（もりしげ・ひろし）
株式会社microCMS　フロントエンドテックリード
制作会社、開発会社などWeb関連の業界で15年ほど開発経験を積み、2022年10月よりmicroCMSに参画。Web黎明期からWordpressやMovableType、そしてヘッドレスCMSに至るまで各種CMSを利用した多くの案件にも携わる。

野崎洋平（のざき・ようへい）
株式会社microCMS エンジニア
元高校教員。教員時代にほぼ独学でプログラミングを学びエンジニアに転職、microCMSに開発初期から参画した。その後microCMSではリッチエディタなど様々な機能開発に携わる。

千葉大輔（ちば・だいすけ）
株式会社microCMS プロダクトエンジニア
新卒でWeb制作会社に入社し約3年ほどヘッドレスCMSを用いた開発や開発環境の構築・運用などに携わる。その後、microCMSに転職。Next.jsの画像最適化に関するOSSも開発しており、現在は週間2,000ダウンロードを超えるものとなっている。

ブックデザイン
米倉 英弘（細山田デザイン事務所）

イラスト
平澤 南

DTP
株式会社シンクス

編集
大嶋 航平

レビュー協力
谷口 允
島袋 光音
濱田 孝治
西田 将幸
石原 愛実
福島 琉弥
水上 貴媛

Next.js＋ヘッドレスCMSではじめる！
かんたんモダン
Webサイト制作入門
高速で、安全で、運用しやすいサイトのつくりかた

2024年7月8日　初版第1刷発行

著者	柴田 和祈（しばた・かずき）
	森茂 洋（もりしげ・ひろし）
	野崎 洋平（のざき・ようへい）
	千葉 大輔（ちば・だいすけ）
発行者	佐々木 幹夫
発行所	株式会社翔泳社 https://www.shoeisha.co.jp
印刷・製本	株式会社シナノ

ISBN 978-4-7981-8366-4
Printed in Japan